职业教育工学结合一体化规划教材

电子信息类专业职业教育“融媒体”立体化新形态教材

传感网技术与应用

主　编　王　瑞　刘发稳　方　芳

副主编　苏　婷　余　雯　林　雨

主　审　潘宏斌

本书立体化资源

黄河水利出版社

·郑州·

内 容 提 要

本书为职业教育工学结合一体化规划教材、电子信息类专业职业教育“融媒体”立体化新形态教材。全书共有7个项目，包括传感网技术、传感器技术、STM32应用开发、有线组网通信应用开发、短距无线通信应用开发、低功耗广域网通信应用开发、传感网数据处理技术等内容。

本书可作为高职高专院校电子信息大类相关专业的教学用书，也可作为从事传感网应用开发、物联网系统集成等相关岗位人员的自学参考用书。

图书在版编目(CIP)数据

传感网技术与应用/王瑞，刘发稳，方芳主编. —郑州：黄河水利出版社，2024.6

ISBN 978-7-5509-3601-0

Ⅰ.①传… Ⅱ.①王… ②刘… ③方… Ⅲ.①传感器 Ⅳ.①TP212

中国国家版本馆CIP数据核字(2023)第110087号

策划编辑：陶金志　电话：0371-66025273　E-mail：838739632@qq.com

责任编辑	杨雯惠	责任校对	兰文峡
封面设计	黄瑞宁	责任监制	常红昕
出版发行	黄河水利出版社		
	地址：河南省郑州市顺河路49号　邮政编码：450003		
	网址：www.yrcp.com　E-mail：hhslcbs@126.com		
	发行部电话：0371-66020550		
承印单位	河南承创印务有限公司		
开　　本	787 mm×1 092 mm　1/16		
印　　张	10.5		
字　　数	243千字		
版次印次	2024年6月第1版	2024年6月第1次印刷	
定　　价	42.00元		

前　言

党的二十大报告指出:“教育、科技、人才是全面建设社会主义现代化国家的基础性、战略性支撑。”教育是国之大计、党之大计。职业教育是我国教育体系的重要组成部分,肩负着“为党育人、为国育才”的神圣使命。切实加强教材建设,编写质量上乘、切合职业教育特点的教材,是贯彻落实习近平总书记重要指示和党的二十大精神的直接体现。教材是教育的基础,是教学理念和教学经验的集成体现,是知识与技术的重要传播载体。本书以习近平新时代中国特色社会主义思想为指导,深入落实党的二十大精神,全面贯彻党的教育方针,将立德树人这一根本任务融入教材,着力培养爱党爱国、敬业奉献、具有工匠精神的专业技能型人才。

本书参照《传感网应用开发职业技能等级标准》,结合 1+X 传感网应用开发等级证书,根据物联网相关科研机构及企事业单位,面向研发助理、产品开发、品质管理、产品测试、技术支持等岗位涉及的工作领域和工作任务所需的职业技能要求,介绍了传感网应用开发中的传感网架构、传感器数据采集、有线组通信(RS-485 总线、CAN 总线)、短距离无线通信(基于 BasicRF 的无线通信应用、Wi-Fi 数据通信)、低功耗广域网组网通信(NB-IoT 联网通信、LoRa 通信)、通信协议应用等内容。

全书共有 7 个项目,包括传感网技术、传感器技术、STM32 应用开发、有线组网通信应用开发、短距无线通信应用开发、低功耗广域网通信应用开发、传感网数据处理技术。本书为立体化教材,配备了丰富的微课、PPT、动画、工具包、工程代码包等资源,满足职业院校学生多样化的学习需求。

本书可作为高职高专院校电子信息大类相关专业的教学用书,也可作为从事传感网应用开发、物联网系统集成等相关岗位人员的自学参考用书。

本书由林雨分析岗位典型工作任务;王瑞负责统稿并编写项目 3、项目 4、项目 5、项目 6;刘发稳负责编写项目 1 和项目 7 的数据采集和处理部分;方芳负责编写项目 2 和项目 7 的数据挖掘部分;苏婷编写项目 7 的数据可视化部分,并负责信息化资源动画部分的制作;余雯负责其余信息化资源的制作。本书由王瑞、刘发稳、方芳担任主编,由苏婷、余雯、林雨担任副主编,由潘宏斌担任主审。

由于编者水平有限,书中难免有错误和疏漏之处,恳请广大读者批评指正。

编　者

2023 年 12 月

目　录

项目1 传感网技术

【学习目标】

1. 了解传感网的定义和发展历程。

2. 熟悉传感网的基本组成和特点。

3. 熟悉掌握传感网的关键技术。

【案例导入】

智能家电、智能家居作为传感网的典型应用,逐渐走进并影响着我们的生活。除此之外,传感网也慢慢进入我们日常的公共安全、公共卫生、安全生产、智能交通、环境监控等领域。因此,传感网作为集合了计算机、通信、网络、智能计算、传感器、嵌入式系统、微电等多个领域交叉综合的新兴学科,不仅影响日常的生活,也会深刻推动通信、互联网和传感器等行业的发展,促进国民经济不断增长。

【思政导引】

党的二十大报告明确指出,要加快发展数字经济,促进数字经济和实体经济深度融合,打造具有国际竞争力的数字产业集群。中国信息通信研究院发布的《中国数字经济发展白皮书》表示,未来几年是我国5G、下一代互联网、物联网、工业互联网等技术的大规模部署期,随着各类网络基础设施的建设和相关技术的应用,数字中国建设将进入高峰期,为我国数字经济发展、产业转型升级和各行业融合发展奠定基础。同时中国现代意义的传感网及其应用研究几乎与发达国家同步启动,已经成为我国信息领域位居世界前列的少数方向之一。目前国内众多中小企业在城市公共安全、智能交通、城市应急系统、机场监控等方面充分运用相关技术实现了传感网的民用化。为了适应未来信息社会的趋势,掌握传感器的相关知识也就越来越重要。

【知识精讲】

传感器网络的发展历程分为以下三个阶段:传感器→无线传感器→传感网。传感网主要由三部分组成:数据采集节点、传输网络和数据中心。传感网的关键技术:网络拓扑控制、网络协议、网络安全、时间同步、定位技术、数据融合、数据管理、无线通信技术、嵌入式操作系统、应用层技术。

1.1 传感网的定义和发展历程

人类通过自身的感觉器官来感受外界的环境信息,机器通过传感器来接受外部的信息。传感网则是将大量的多种类传感器节点组成自治的网络,实现对物理世界的动态智能协同感知。传感网的网络结构通常分为感知域、网络域和应用域三部分,这三个域的内涵在不断延伸,同时彼此之间的联系也变得越来越紧密。其中,感知域主要负责传感信息采集和处理,目前采用的主要技术有 RFID、NFC、Bluetooth、ZigBee 等;网络域要实现传感网信息的传输和组织;应用域要实现具体应用的表示和使用。

传感器网络的发展历程分为以下三个阶段:传感器→无线传感器→传感网。

第一代传感器网络出现在20世纪70年代,将传统传感器采用点对点传输、连接传感控制器而构成传感器网络雏形。随着相关学科的不断发展和进步,第二代传感器网络同时还具有了获取多种信息信号的综合处理能力,并通过与传感控制器相联,组成了有信息综合和处理能力的传感器网络。从20世纪末开始,现场总线技术开始应用于传感器网络,人们用其组建智能化传感器网络,大量多功能传感器被运用,并使用无线技术连接,无线传感器网络逐渐形成。传感网是新一代的传感器网络,具有非常广泛的应用前景,其发展和应用,将会给人类的生活和生产的各个领域带来深远影响。

在现代意义上的无线传感网研究及其应用方面,我国与发达国家几乎同步启动,它已经成为我国信息领域位居世界前列的少数方向之一。在2006年我国发布的《国家中长期科学与技术发展规划纲要》中,智能感知和自组网技术成为信息技术的前沿方向。国家先后出台了《物联网产业发展规划》《中国制造2025》等计划,明确提出支持传感器、传感网的研发和应用。同时在政策层面,扶持传感器企业参与国家重大科技项目,鼓励企业进行技术创新,提高传感网技术的成熟度和市场竞争力。

1.2　传感网的基本组成和特点

微课1-1　传感网的基本组成

1.2.1　传感网的基本组成

传感网主要由三部分组成:数据采集节点、传输网络和数据中心,如图1-1所示。

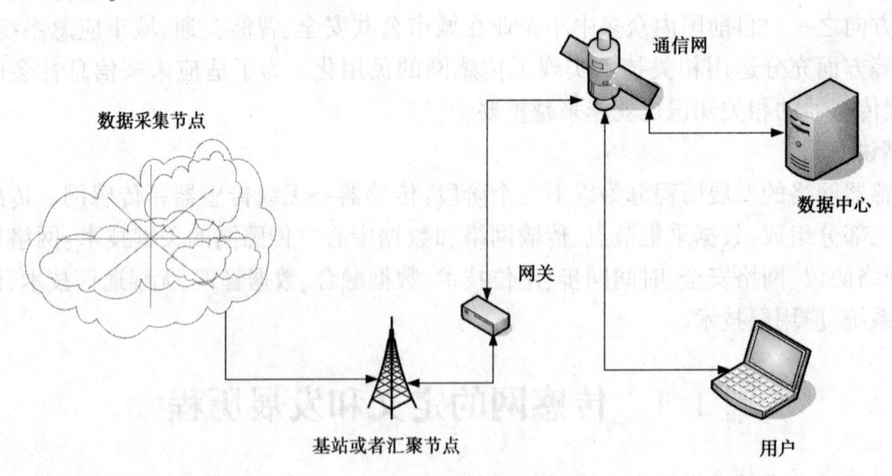

图1-1　传感网组成

1.2.1.1　数据采集节点

数据采集节点也称传感器节点。在不同应用中,传感器节点的组成不尽相同。传感器网络节点的组成和功能包括如下四个基本单元:传感单元(由传感器和模数转换功能模块组成)、处理单元(由嵌入式系统构成,包括 CPU、存储器、嵌入式操作系统等)、通信单元(由无线通信模块组成)以及电源部分。传感器节点是实现传感网络的首要环节。通常根据其基本感知功能分为热敏元件、光敏元件、气敏元件、力敏元件、磁敏元件、湿敏元件、声敏元件、放射线敏感元件、色敏元件和味敏元件等十大类。传感器节点是传感网中数量最多的节点类型,为了降低成本,传感器节点的处理能力、存储能力和通信能力相对较弱。

1.2.1.2　数据中心

为了解决数据采集节点处理能力以及存储能力的问题,传感器网络中传感器节点采集数据通过网络传输到数据中心进行数据管理。数据中心主要对感知数据存储、查询、挖掘和操作,通过数据中心的处理后数据实现了逻辑视图和原始数据分离开来。使用者只需操作使用获取到的数据内容,而无须关心传感器网络实现细节。

1.2.1.3　传输网络

在传感器网络中,节点通过各种方式大量部署在被感知对象内部或者附近。这些节点通过自组织方式构成无线网络,以协作的方式感知、采集和处理网络覆盖区域内特定的信息,可以实现对任意地点信息在任意时间的采集、处理和分析。整个系统通过任务管理器来管理和控制。传感器网络的特性使得其有着非常广阔的应用前景,其在不远的未来它将成为我们生活中不可缺少的传感器网络体系结构。

1.2.2　传感网的关键技术

微课 1-2　传感网的关键技术

传感网关键技术有网络拓扑控制、网络协议、网络安全、数据融合、数据管理、定位技术、应用层技术等。这里重点介绍以下几项技术的主要内容。

1.2.2.1　拓扑控制技术

拓扑控制技术是一种协调节点间各自传输范围的技术,又称网络自组织连接技术。拓扑控制技术是传感器网络中最重要的技术之一,在由无线传感器网络生成的网络拓扑中,可以直接通信的两个结点之间存在一条拓扑边,主要用来降低能量消耗和无线干扰,其目标是在降低能量消耗和无线干扰的前提下。需要研究传感器网络中的拓扑控制问题,在维持拓扑的某些全局性质的前提下,通过调整结点的发送功率来延长网络生命周期,提高网络吞吐量,降低网络干扰,节约结点资源。

1.2.2.2　网络协议

网络协议是为计算机网络中进行数据交换而建立的规则、标准或者说是约定的集合。因为不同用户的数据终端可能采取的字符集是不同的,两者需要进行通信,必须要在一定的标准上进行。在通信时,网络协议定义了如何进行通信。它的语法、语义和时序是网络协议的核心。传感网重点研究路由协议和 MAC 协议。路由传感器设计的主要目标是降低能量消耗,提高网络的生命周期。同时传感网的 MAC 协议首先考虑的是节能和可扩展性,其次是公平性、利用率和实时性等。

1.2.2.3　网络安全技术

网络安全是指保护网络系统中的软件、硬件及信息资源,使之免受偶然或恶意的破坏、篡改和泄露,保证网络系统正常运行、网络服务不中断。网络安全策略包括对企业的各种网络服务的安全层次和用户的权限进行分类,确定管理员的安全职责,如何实施安全故障处理、网络拓扑结构、入侵和攻击的防御和检测、备份和灾难恢复等内容。传感网作为一种基本的网络组成,需要实现一些基本的安全机制,主要包括物理安全分析技术、网络结构安全分析技术、系统安全分析技术、管理安全分析技术及其他的安全服务和安全机制策略。

1.2.2.4 数据融合技术

在各个传感器节点数据收集过程中,许多节点可能采集到类似数据,而且节点在收发数据的时候消耗大量能量。因此,可以利用节点自身的计算和存储能力、数据处理融合能力对数据进行分析和管理,去除冗余信息,达到节能的目的。数据融合技术是指利用计算机对按时序获得的若干观测信息,在一定准则下加以自动分析、综合,以完成所需的决策和评估任务而进行的信息处理技术。数据融合技术在目标跟踪、目标识别等领域得到广泛应用。

1.2.2.5 数据管理技术

数据管理技术是指对数据进行分类、编码、存储、检索和维护,它是数据处理的中心问题。计算机进行数据管理的方式,主要取决于数据在机器中的存储结构和处理方式。数据管理系统一般尽可能在传感器网络内部进行数据的分析和处理,以较少能量消耗,延长传感网的生命周期。

1.2.2.6 定位技术

收集到的关于物理现象的信息需要与传感器节点的位置相关联,来提供更有价值的信息。网络中的传感器节点通常随机部署在区域中,只有详细说明事件发生的位置以及数据采集节点的位置,才能实现对外部目标的定位和跟踪。

1.3 传感网与物联网的区别与联系

物联网的概念最初是由美国提出来的,是指通过射频识别、红外感应器、全球定位系统、激光扫描器等信息传感设备,按约定的协议,把任何物品与互联网相连接,进行信息交换和通信,以实现对物品的智能化识别、定位、跟踪、监控和管理的一种网络,实现任何时间、任何地点,人、机、物的互联互通,是新一代信息技术的重要组成部分。中国物联网校企联盟将物联网定义为当下几乎所有技术与计算机、互联网技术的结合,实现物体与物体之间、环境以及状态信息实时的共享以及智能化的收集、传递、处理、执行。广义上说,当下涉及信息技术的应用,都可以纳入物联网的范畴。

目前物联网产业正在飞快发展,从智能电视、智能家居、智能汽车、医疗健康、智能玩具、机器人等延伸到可穿戴设备领域。物联网将赋能智能硬件向多元的消费场景渗透,从而创造出更加便捷、舒适、安全、节能的生活环境。物联网是通过约定的协议将原本独立存在的设备相互连接起来,并最终实现智能识别、定位、跟踪、监测、控制和管理的一种网络,无需人与人或人与设备的互动。物联网强调的是物与物之间的连接,接近于物的本质属性,而传感网强调的是技术和设备,是对技术和设备的客观表述。

从总体上来说,物联网与传感网具有相同的构成要素,它们实质上指的是同一种事物。物联网是从物的层面上对这种事物进行表述,传感网是从技术和设备的角度对这种事物进行表述。物联网的设备是所有物体,突出的是一种信息技术,它建立的目的是为人们提供高层次的应用服务。传感网的设备是传感器,突出的是传感器技术和传感器设备,它建立的目的是更多地获取海量的信息。

从细节上来说,传感网又可以被称为传感器网。构成传感器网需要两种模块,一种是“传感模块”,一种是“组网模块”。传感网更加注重对物体信号的感知,比如感知物体的状态、外界环境信息等。而物联网却更注重对物体的标识和指示,如果要标识和指示物体,就要同时用到传感器、一维码、二维码及射频识别装置。从这个层面来看,传感网属于物联网的一部分,它们之间的关系是局部与整体的关系,也就是说物联网包含传感网。

1.4　传感网的应用领域和发展前景

随着信息技术的不断发展,传感网可以广泛地应用于农业和畜牧业生产、生态监测与灾害预警、工程项目监测系统、工业生产加工、智能交通、医疗系统、信息家电设备和空间探索等领域中。

微课1-3　传感网的应用领域和发展前景

1.4.1　农业和畜牧业生产

我国是一个农业大国,农作物的优质高产对国家的经济发展意义重大。传感网的出现为农业各领域的信息采集与处理提供了新的思路和有力手段。传感网特别适用于辅助农业和畜牧业生产。例如温室大棚内的土壤温度、湿度、光照监测、珍贵经济作物生长规律分析与测量、优质育种和生产等。采用传感网建设农业环境自动监测系统,用一套网络设备完成风、光、水、电、热和农药等的数据采集和环境控制,检测环境的变化并及时将信息反馈到种植户,种植户根据实时反馈信息及时调整。通过传感网检测系统的有效使用可有效提高农业集约化生产程度,提高农业生产种植的科学性,助力新农村发展。

动画1-1　传感网在现代农业中的应用

农业种植通过传感器、摄像头和卫星等收集数据,实现农作物数字化和机械装备数字化发展。例如国家科技支撑计划项目“西北优势农作物生产精准管理系统”在西部开展试验,利用传感器网络技术,结合西部地区优势农作物,以及西部干旱少雨的生态环境特点开展专项技术研究,取得了明显的经济效益和社会效益。传感网在畜牧养殖中的应用是利用传统的耳标、可穿戴设备以及摄像头等收集畜禽产品的数据,通过对收集到的数据进行分析,运用算法判断畜禽产品健康状况、喂养情况、位置信息以及发情期预测等,对其进行精准管理。

1.4.2　生态监测与灾害预警

传感网可以广泛地应用于生态环境监测、生物种群研究、气象和地理研究、洪水和火灾监测。环境监测为环境保护提供科学的决策依据,是生态保护的基础。在野外地区或者不宜人工监测的区域布置传感网可以进行长期无人值守的不间断监测,为生态环境的保护和研究提供实时的数据资料。

具体的应用包括:对大气监测一般可采用固定在线监测、流动采样监测等方式,可在污染源安装固定在线监测仪表,在某地区大气发生异常变化时,传感器就会通过传感节点将数据上报至传感网,对于污染单位的排放超标,可实现同步通知环保执法单位、污染单位,同时将证据同步保存到物联网中,从而可避免先污染后处理的情况。对水质监测包含饮用水质监测和水质污染监测两种。饮用水源监测是在水源地布置各种传感器、视频监视等传感设备,将水源地基本情况、水质的 pH 值等指标实时传至环保物联网,实现实时监测和预警;水质污染监测是在各单位污染排放口安装水质自动分析仪表和视频监控,对排污单位排放的污水水质中的氨氮、流量等进行实时监控,并同步到排污单位、中央控制中心、环境执法人员的终端上,以便有效防止过度排放或重大污染事故的发生。在泥石流、滑坡等自然灾害容易发生的地区布置节点,可提前发出灾害预警,及时采取相应抗灾措施;可在重点保护林区布置大量节点随时监控内部火险情况,一旦发现火情,可立刻发出警报,并给出具体位置及当前火势的大小。

1.4.3　工程项目监测系统

传感网技术可以帮助工程项目实现更加精准的监测和预警,保障了工程项目的稳定和安全。使用传感网系统进行检测可以及时准确地观察大楼、桥梁和其他建筑物的状况,及时发现险情,及时进行维修,避免造成严重后果。

具体的应用包括:利用传统测量监控设备对桥梁健康进行监测需要在整个桥面上敷设信号和供电电缆,不仅浪费资源而且敷设工程复杂庞大。使用传感网进行桥梁健康监测,只需要将传感器节点固定在桥梁的关键受力点处,并沿桥布置,各个节点就会自动组织形成网络并且回传相关的测量数据。在沙特阿拉伯的麦加-麦地高速铁路由中国公司和沙特阿拉伯等国家联合建造,由中国公司建造的高速铁路项目安装了传感器以监测施工过程。承包方通过反复试验,将温度传感器和应变片埋入梁中,在施工期间测量了超宽箱梁的温度场和应力场,研究了其分布规律,防止箱梁发生裂缝,保证了施工安全。本工程在满足设计技术要求的前提下,降低了施工难度,节省了施工费用。

1.4.4　工业生产加工

在工业生产加工领域方面,传感网技术可用于生产线过程检测、实时参数采集、生产设备监控、材料消耗监测的能力和水平。传感网还可应用于企业原材料采购、库存、销售等领域,通过完善和优化供应链管理体系,提高了供应链效率,降低了成本。

钢铁企业应用各种传感器和通信网络,在生产过程中实现对加工产品的宽度、厚度、温度的实时监控,从而提高了产品质量,优化了生产流程。无线传感器网络产品可以对油井环境和井口设备实现实时监控,将工作现场的设备状态、环境参数等重要信息传到控制中心,在必要时即刻发出警报并安排调度。另外,传感器节点还可以代替部分工作人员到危险的环境中执行任务,不仅降低了危险程度,还提高了对险情的反应精度和速度。可以感知危险环境中工作人员、设备机器、周边环境等方面的安全状态信息,将现有分散、独立、单一的网络监管平台提升为系统、开放、多元的综合网络监管平台,实现实时感知、准确辨识、快捷响应、有效控制。

1.4.5　智能交通

2020年以来,智慧交通的概念被广泛提及,特别是在"十四五"规划中明确提出加快建设交通强国,智慧交通建设被提上日程。智能交通系统是在传统交通体系的基础上发展起来的新型交通系统,它将信息、通信、控制和计算机技术以及其他现代通信技术综合应用于交通领域,并将"人—车—路—环境"有机地结合在一起。在现有的交通设施中增加一种传感网技术,将能够从根本上缓解困扰现代交通的安全、通畅、节能和环保等问题,同时还可以提高交通工作效率。

智能交通系统主要包括交通信息的采集、交通信息的传输、交通控制和诱导等方面。传感网可以为智能交通系统的信息采集和传输提供一种有效手段,用来监测路面与路口各个方向的车流量、车速等信息。

它主要由信息采集输入、策略控制、输出执行、各子系统间的数据传输与通信等子系统组成。信息采集子系统主要通过传感器采集车辆和路面信息,然后由策略控制子系统根据设定的目标,并运用计算方法得出方案,同时输出控制信号给执行子系统,以引导和控制车辆的通行,从而达到预设的目标。

传感网在智能交通中还可以用于交通信息发布、电子ETC收费、车速测定、停车管理、综合信息服务平台、智能公交与轨道交通、交通诱导系统和综合信息平台等技术领域。

1.4.6　医疗护理系统

近年来,我国老龄化速度更居全球之首。中国60岁以上的老年人已经达到1.6亿,约占总人口的12%;80岁以上的老年人达1 805万,约占老年人口的总数11.29%。一对夫妇赡养四位老人、生育一个子女的家庭大量出现,使赡养老人的压力进一步加大。传感网技术通过连续监测提供丰富的背景资料并做预警响应,不仅有望解决这一问题还可大大提高医疗的质量和效率。它集合了微电子技术、嵌入式计算技术、现代网络及无线通信和分布式信息处理等技术,能够通过各类集成化的微型传感器协同完成对各种环境或监测对象的信息的实时监测、感知和采集。它是当前在国际上备受关注的,涉及多学科高度交叉、知识高度集成的前沿热点之一。

传感网在医疗系统和健康护理方面已有很多应用,例如监测人体的各种生理数据,跟踪和监控医院中医生和患者的行动,以及医院的药物管理等。如果在住院病人身上安装特殊用途的传感器节点,例如心率和血压监测设备,医生就可以随时了解被监护病人的病情,在发现异常情况时能够迅速抢救。

科学家使用传感网创建了一个智能医疗房间,使用微尘来测量居住者的重要特征、睡觉姿势以及每天24 h的活动状况,所搜集的数据将被用于开展以后的医疗研究。除此之外,通过在鞋、家具和家用电器等设备中嵌入网络传感器,通过这些设备可以感知老年人、重病患者以及残疾人的家庭生活状况,收集到这些信息后利用传感器网络传递必要的信息给护理人员。这样不仅可以减轻护理人员的负担,也可以进一步提高特殊人群的生活质量。

1.4.7　信息家电

传感网的逐渐普及,促进了信息家电、网络技术的快速发展,家庭网络的主要设备已由单一机向多种家电设备扩展,基于传感网的智能家居网络控制节点为家庭内、外部网络的连接及内部网络之间信息家电和设备的连接提供了一个基础平台。

在家电中嵌入传感器节点,通过无线网络与互联网连接在一起,将为人们提供更加舒适、方便和人性化的智能家居环境。利用远程监控系统可实现对家电的远程遥控,也可以通过图像传感设备随时监控家庭安全情况。利用传感器网络可以建立智能幼儿园,监测儿童的早期教育环境,以及跟踪儿童的活动轨迹。

传感网利用现有的互联网、移动通信网和电话网将室内环境参数、家电设备运行状态等信息告知住户,使住户能够及时了解家居内部情况,并对家电设备进行远程监控,实现家庭内部和外界的信息传递。传感网使住户不但可以在任何可以上网的地方,通过浏览器监控家中的水表、电表、煤气表、电热水器、空调、电饭煲等及安防系统、煤气泄漏报警系统、外人侵入预警系统等,而且可通过浏览器设置命令,对家电设备远程控制。

赛特威尔推出的无线光电感烟火灾探测报警器,便是一款典型的智能传感器产品,在探测功能上集烟雾报警与温度报警于一体,当烟雾浓度或环境温度分别达到报警设定阈值时,探测器就会发出声光报警,及时进行预警。同时,还能够通过无线连接的方式实现联网监控,一处报警便能够迅速通知其他报警器报警,第一时间识别险情位置。

麦乐克最新推出的"九合一"嵌入式空气环境检测仪,则分别集合了温湿度监测、空气质量检测、光照检测以及险情检测等 9 种监测细分,将多种监测功能放到一个产品之中,这目前也是传感器产品发展的一个趋势。同样,麦乐克这款空气环境检测仪也能够和智能生活 APP 实现连接控制,并支持 ZigBee、蓝牙、Wi-Fi 等多种通信协议、具备多种组网方式,这大大提高了其使用便利和应用便利。

1.4.8　空间探索

传感网不仅在地球上使用广泛,而且在太空空间探索方面同样有出色的表现。用航天器在外星体上撒播一些传感器结点,组成传感网络,可以实现对该星球表面进行长时间的监测。激光测距传感器在精密测定激光卫星的轨道、精确测定地球引力场模型及其时变性等方面应用广泛。我国航天事业取得了举世瞩目的成绩,在历次的航天飞行中各种类型的传感器功不可没。例如载人运载火箭中,单发使用传感器、变换器数量达到 600 余只,而新一代大型运载火箭单发使用传感器、变送器数量更是超过 160 只。除在运载火箭中使用外,在航天员舱外航天服系统用的气瓶压力传感器、服装压力传感器,均采用了我国自主知识产权的离子束溅射镀膜工艺制作敏感芯片,且采用全焊接方式与压力接口连接,成功替代俄罗斯进口压力传感器,满足了我国载人航天的迫切需求。

小　结

本项目首先介绍了传感网的定义和发展历程;接着具体介绍传感网的基本组成和特点,传感网主要数据采集节点、传输网络数据传输和数据中心三部分组成;其次介绍了传感网与物联网的区别与联系,即物联网强调的是物与物之间的连接,接近于物的本质属性,而传感器强调的是技术和设备,是对技术和设备的客观表述;最后介绍了传感网在农业和畜牧业生产、生态监测与灾害预警、工程项目监测系统、工业生产加工、智能交通、医疗系统、信息家电设备和空间探索等领域的应用。

练　习

1. 简述传感网的发展历程。
2. 简述传感网的应用领域。
3. 传感网的关键技术有哪些。
4. 传感网的网络结构由哪几部分构成? 其作用分别是什么。
5. 简述传感网与物联网的区别与联系。

项目 2　传感器技术

【学习目标】

1. 了解传感器的概念及常见分类。

2. 掌握光敏传感器、气体传感器、温湿度传感器、红外传感器、火焰传感器、声音传感器等常用传感器的工作原理。

3. 掌握 ADC 数据采集的方法。

【案例导入】

传感器技术是现代信息技术的三大支柱之一,传感器是获取信息的主要途径和手段。如今在人类的生产、生活中,传感器已得到了广泛的应用,尤其对于高精密的产品要借助各种传感器来监视和控制生产过程中的各个参数,使设备工作处于正常状态或最佳状态,并使产品达到最好的质量。因此可以说,没有众多优良的传感器,现代化生产也就失去了基础。传感器的工作原理是传感器技术的核心内容,了解传感器技术可以为后续传感器的使用及制造、创新等打好基础,本项目主要介绍传感器的概念、分类、特性及常用传感器的工作原理。

【思政导引】

我国涉足传感器制造领域时,国外的传感器技术已十分成熟,国内传感器的发展曾长期存在着产品不全、新品少、科技创新缺乏、工艺装备落后、人才匮乏等问题。为缩小我国传感器与国外技术在高端应用和精细应用中的差距,诸多科研工作者在研究中锲而不舍、团结合作,使我国在传感器领域屡屡取得新的突破。如尤政院士突破了多项核心技术,研制了 MEMS 太阳敏感器、微/纳型星敏感器等一系列具有国际先进水平的器件与微系统,多种产品已经在航空、航天等领域实现应用。从事光传感器研究的方家熊,为我国空间遥感系统提供了多种红外传感器。他提出了变能隙半导体红外传感器的工程优值参数概念和测试方法;解决了空间用红外传感器的技术基础及工程问题,满足了我国首次从卫星对地球的长波红外遥感的要求。同学们应在学习各类传感器工作原理时,深刻领会传感器领域科学家们取得显著成就背后的锲而不舍、无私奉献和团结合作精神。理论是实践的基础,熟悉工作原理才能规范和安全地操作传感器,在使用中创新。同时,大家在实践中要学会使用科学思维去发现问题和解决问题,用一丝不苟的态度理解传感器中的误差和精度等。

【知识精讲】

2.1　传感器概述

微课 2-1　传感器概述

2.1.1　传感器的定义

传感器实际上是一种功能块,其作用是将来自外界的各种信号转换成电信号。传感器可以狭义地被定义为"将外界的输入信号变换为电信号的一类元件"。

国家标准对传感器的定义是:能感受规定的被测量并按照一定的规律转换成可用输出信号的器件或装置。传感器是一种以一定的精确度,把被测量转换为与之有确定对应关系的、便于应用的某种物理量的测量装置。其包含以下几层含义:传感器是测量装置,能完成检测任务;它的输入量是某一被测量,可能是物理量,也可能是化学量、生物量等;输出量是某种物理量,这种量要便于传输、转换、处理、显示等,这种量可以是气、光和电量,但主要是电量;输入输出有对应关系,且要求有一定的精确度。

2.1.2　传感器的组成

传感器一般由敏感元件、转换元件和信号调理与转换电路三部分组成,如图 2-1 所示。

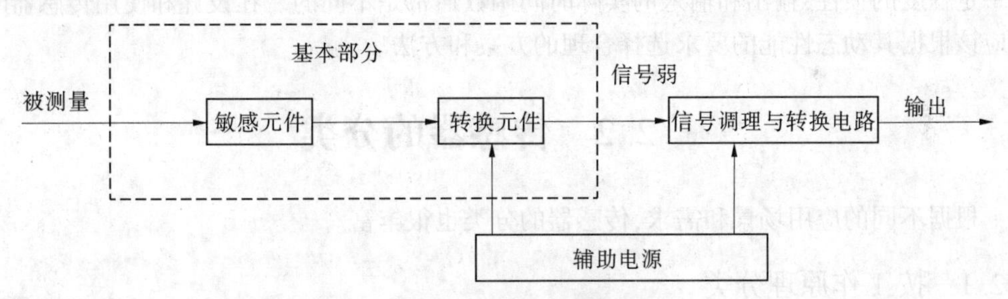

图 2-1　传感器的组成

(1)敏感元件。直接感受被测量,并输出与被测量呈确定关系的某一物理量的元件。

(2)转换元件。以敏感元件的输出为输入,把输入转换成电路参数。

(3)信号调理与转换电路。上述电路参数接入信号调理与转换电路,便可转换成电量输出。

在实际的产品中,有些传感器很简单,仅由一个敏感元件(同时也是转换元件)组成,它感受被测量时直接输出电量,如热电偶;有些传感器由敏感元件和转换元件组成,没有转换电路;有些传感器的转换元件不止一个,要经过若干次转换。

2.1.3　传感器的特性

传感器的特性主要是指输入与输出的关系,包括静态特性和动态特性。了解传感器的静态特性和动态特性对选择传感器很有帮助,它能展现出该传感器的各项指标,仔细辨别就可以知道它是否适用于所需要的场合。

2.1.3.1 静态特性

传感器的输入输出作用如图 2-2 所示,当输入量为常量或变化较慢时,输入与输出之间的关系就是静态特性。外界影响和误差因素会干扰输入与输出的关系,通常使用线性度、灵敏度、迟滞特性、稳定性等来描述静态特性。

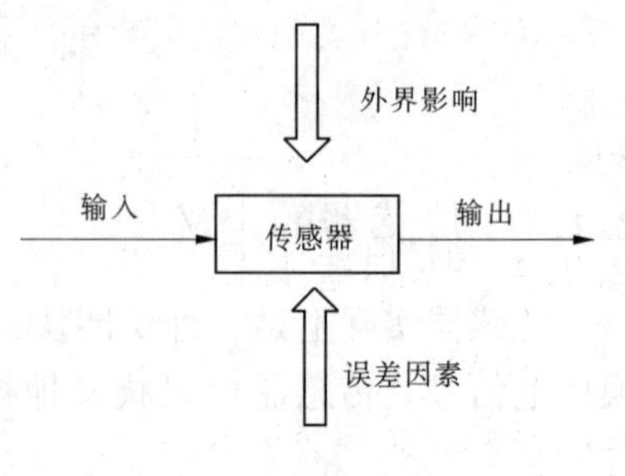

图 2-2 输入输出作用图

(1)线性度指传感器的输出与输入间数量关系的线性程度,用 Δm 表示实测特性曲线与拟合直线的最大偏差,Y_{FS} 为满量程输出,线性程度为 $\Delta m/Y_{FS}\times100\%$。

(2)用 Δy 表示输出的变化量,Δx 为引起 Δy 的输入量变化,灵敏度为 $\Delta y/\Delta x$。

(3)迟滞特性是指同一大小的输入信号,传感器的输出信号却不相等,能够反映传感器的轴承摩擦、间隙等无法避免的不足之处。

(4)稳定性是传感器长时间工作时输出量发生的变化,常用间隔一定时长或次数的两个输出值的差(稳定性误差)来测量。

2.1.3.2 动态特性

传感器的动态特性指输出对随时间变化的输入量的响应特性,具有强动态特性的传感器的输出和输入具有相同的时间函数。由于传感器中的敏感材料对不同的变化会表现出一定程度的惯性,输出和输入的实际时间函数通常是不同的。在设计和使用传感器时,都应该根据其动态性能的要求选择合理的方案和方法。

2.2 传感器的分类

根据不同的应用场景和需求,传感器的分类也很丰富。

2.2.1 按工作原理分类

传感器根据工作原理可分为物理传感器和化学传感器两大类。其中,物理传感器应用的是物理原理,诸如压电效应、磁致伸缩现象以及热电、光电、磁电、离化、极化等原理。化学传感器应用的是化学吸附、电化学反应原理,被测信号量的微小变化会被转换成电信号。目前,大多数传感器是以物理原理为基础运作的。随着技术的发展和成本的降低,化学传感器将会得到更广泛的应用。

2.2.2 按用途分类

传感器按用途可分为压力敏传感器、力敏传感器、位置传感器、液面传感器、能耗传感器、速度传感器、加速度传感器、射线辐射传感器、湿敏传感器、热敏传感器、磁敏传感器、气敏传感器、真空度传感器、生物传感器等。目前,常见的是热敏传感器、湿敏传感器、磁敏传感器、气敏传感器、速度传感器等。

2.2.3　按构成材料分类

传感器按构成材料的类别可分为金属传感器、聚合物传感器、陶瓷传感器、混合物传感器；传感器按材料的物理性质可分为导体传感器、绝缘体传感器、半导体传感器、磁性材料传感器；传感器按材料的晶体结构可分为单晶传感器、多晶传感器、非晶材料传感器。

2.2.4　按制造工艺分类

传感器按制造工艺可分为集成传感器、薄膜传感器、厚膜传感器、陶瓷传感器。常见的传感器是集成传感器、陶瓷传感器和厚膜传感器。

2.3　常用传感器及其工作原理

2.3.1　光敏传感器

2.3.1.1　光敏传感器的概述

微课 2-2　光敏传感器

光敏传感器是能将光信号转换为电信号的一种器件，简称光电器件。它的物理基础是光电效应。光敏传感器又称为光电式传感器，也被称为光电探测器，它不但可用于光信号检测，还可以用于温度、压力、速度、加速度、位移等多种物理量的测量，属于非接触式测量。

光敏传感器的工作原理为：用光敏传感器测量非电量时，首先要将非电量的变化转换为光量的变化，然后通过光电器件的作用，再将光量的变化转换为电量的变化，从而实现光敏传感器非电量电测的目的。

光敏传感器通常对光源有一定的选择性，对光源的具体要求如下：

(1)光源必须具有足够的照度。

(2)应保证均匀、无遮挡或阴影。

(3)照射方式应符合传感器的测量要求。

(4)光源的发热应尽可能小，发出的光必须具有合适的光谱范围。常用光源的类型有热辐射光源、气体放电光源、发光二极管和激光器。

无线电波、红外线、可见光、紫外线、X光线、伽马射线都是电磁波。电磁波谱如图2-3所示。光敏传感器的敏感波长在可见光波长附近，包括红外线波长和紫外线波长。光敏传感器的工作基础是光电效应。光电效应是多种不同形式的光与电之间联系的效应的普遍性叫法，根据不同的工作机制，光电效应可以有不同的具体现象。

光照射到某些物质上，使该物质的电特性发生变化的物理现象称为光电效应，包括内光电效应和外光电效应两类。外光电效应指在光线作用下使物体的电子逸出表面的现象，基于外光电效应，可以制成光电管、光电倍增管等。内光电效应指在光线作用下能使物体电阻率改变的现象，利用内光电效应可以制成光敏电阻。阻挡层光电效应又叫作光生伏特效应，属于内光电效应，是指在光线作用下能使物体产生一定方向电动势的现象，利用阻挡层光电效应可以制成光电池、光敏晶体管等。

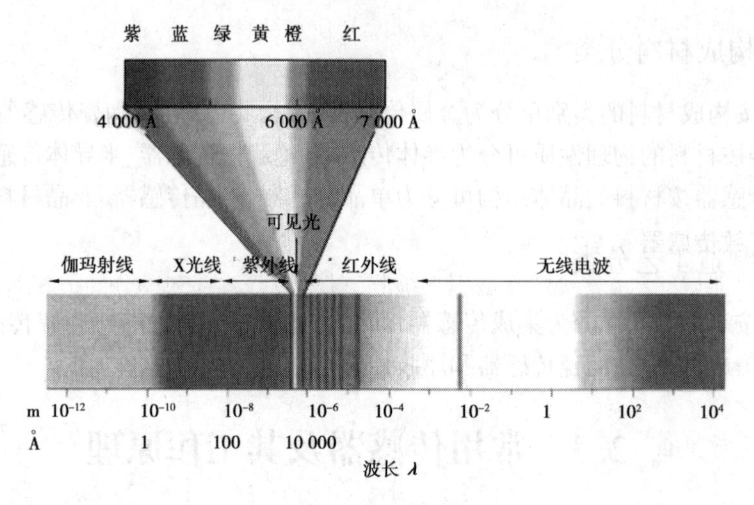

图 2-3 电磁波谱图

2.3.1.2 常用光敏传感器的工作原理

动画 2-1 光敏传感器工作原理

1. 光敏电阻

光敏电阻又叫作光导管，为半导体材料制成的光电器件。光敏电阻对光源波长有选择性，在应用中，光敏电阻可以当作一个电阻元件使用，通常利用光敏电阻在有光和无光的情况下电阻值的锐变来实现特定电路的功能。光敏电阻很少被用于模拟量的测量，而常用于开关量的测量。

光敏电阻的参数对于我们在实际应用中选择使用适当的光敏电阻有很强的指导意义，主要包括暗电阻和亮电阻。

暗电阻是在无光照的室温情况下光敏电阻表现出来的阻值。相对来说，这是光敏电阻在同温情况下最大的阻值，当此时接入到测量电路中流过此电阻的电流，称为暗电流。

亮电阻是在一个较为宽泛的光照条件下光敏电阻呈现的阻值；该阻值与光照的情况有关，满足此条件时流过光敏电阻的电流称为亮电流；亮电流与暗电流之差称为光电流，可以理解为此电流就是光导致的电流。

对于光敏电阻的性能描述，可以期望其暗电流要小、暗电阻要大，亮电阻要小、亮电流要大，这样光敏电阻的灵敏度就高。通常情况下，大多数的光敏电阻的暗电阻超过 1 MΩ，甚至高达 100 MΩ，而亮电阻在白昼条件下也可以降到 1 kΩ 以下；在一定照度下，流过光敏电阻的电流与光敏电阻两端的电压的关系称为光敏电阻的伏安特性。

2. 光敏二极管

光敏二极管在电路中一般处于反向工作状态；在没有光照射时，反向电阻很大，反向电流很小，此时的反向电流称为暗电流。当 PN 结受到光照射时，PN 结附近产生光生电子和光生空穴对，使少数载流子增加，因此通过 PN 结的反向电流也随着增加。

3. 光敏晶体管

光敏晶体管在把光信号转换为电信号的同时，又将信号电流加以放大。当集电极加上相对于发射极为正的电压而不接基极时，基极-集电极结就是反向偏压。当光照在基极-集结上,就会形成光电流输入到基极,由于基极电流增加,集电极电流是光生电流的 β 倍,实现放大。光敏晶体管的基极一般不接引线,许多光敏晶体管只有集电极和发射极两端有引线。

2.3.2　气体传感器

2.3.2.1　气敏传感器

气体传感器也叫气敏传感器,是用来检测气体类别、浓度和成分的传感器。由于气体种类繁多,性质各不相同,不可能用一种传感器检测所有类别的气体,因此能实现气—电转换的传感器种类很多,按构成气敏传感器材料可分为半导体和非半导体两大类。目前实际使用最多的是半导体气敏传感器。

1. 半导体气敏传感器

半导体气敏传感器是利用待测气体与半导体表面接触时,产生的电导率等物理性质变化来检测气体的。主要应用于工业上天然气、煤气、石油化工等部门的易燃、易爆、有毒、有害气体的检测、预报和自动控制。

按照半导体与气体相互作用时产生的变化只限于半导体表面或深入到半导体内部,可分为表面控制型和体控制型。前者半导体表面吸附的气体与半导体间发生电子接受,结果使半导体的电导率等物理性质发生变化,但内部化学组成不变;后者半导体与气体的反应,使半导体内部组成发生变化,进而使电导率变化。

按照半导体变化的物理特性,又可分为电阻型和非电阻型。电阻型半导体气敏元件是利用敏感材料接触气体时,其阻值变化来检测气体的成分或浓度;非电阻型半导体气敏元件是利用其他参数,如二极管伏安特性和场效应晶体管的阈值电压变化来检测被测气体的。

2. 电阻型气敏传感器

电阻型气敏传感器采用金属氧化物制成,合成材料有时还掺入了催化剂。其机制是利用半导体表面因吸附气体引起半导体元件阻值的变化,可从阻值的变化检测出气体的种类和浓度。它的结构包括敏感元件、加热器和外壳三个部分,分为烧结型、氧化锌(ZnO)薄膜型、厚膜型三类。

(1)烧结型气敏元件将元件的电极和加热器均埋在金属氧化物气敏材料中,经加热成型后低温烧结而成。目前最常用的是氧化锡(SnO_2)烧结型气敏元件,它的加热温度较低,一般在 200~300 ℃,氧化锡气敏半导体对许多可燃性气体,如 H_2、CO、甲烷、丙烷、乙醇等都有较高的灵敏度。

(2)氧化锌(ZnO)薄膜型气敏元件以石英玻璃或陶瓷作为绝缘基片,通过真空镀膜在基片上蒸镀锌金属,用铂或钯膜作引出电极,最后将基片上的锌氧化。氧化锌敏感材料是 N 型半导体,当添加铂作催化剂时,对丁烷、丙烷、乙烷等烷烃气体有较高的灵敏度,而对 H_2、CO 等气体灵敏度很低。若用钯作催化剂时,对 H_2、CO 有较高的灵敏度,而对烷烃类气体灵敏度低。因此,这种元件有良好的选择性,工作在 400~500 ℃的较高温度。

(3)厚膜型气敏元件将气敏材料(如 SnO_2、ZnO)与一定比例的硅凝胶混制成能印刷的厚膜胶。把厚膜胶用丝网印刷到事先安装有铂电极的氧化铝(Al_2O_3)基片上,在 400~

800 ℃的温度下烧结 1~2 h 便制成厚膜型气敏元件。用厚膜工艺制成的器件一致性较好，机械强度高，适于批量生产。

2.3.2.2　**可燃性气体传感器**

费加罗气体传感器的气敏素子，使用在清洁空气中电导率低的二氧化锡（SnO_2）。当存在检知对象气体时，传感器的电导率随空气中气体浓度增加而增大。使用简单的电路即可将电导率的变化，转换为与该气体浓度相对应的输出信号。

TGS813 传感器对甲烷、丙烷、丁烷的灵敏度高，对天然气、液化气的监视也很理想。这种传感器可检知多种可燃气体，所以是对各种应用方式都很优越的低成本传感器。其特点是对较宽范围的可燃气体都灵敏的普敏气体传感器；对甲烷、丙烷、异丁烷的灵敏度很高；长寿命、低成本；以简单电路即可使用。其常应用于家庭用气体泄漏报警器，工业用可燃气体报警器，便携式气体检知器。

2.3.2.3　**空气质量传感器**

MQ135 气体传感器所使用的气敏材料是在清洁空气中电导率较低的二氧化锡（SnO_2）。当传感器所处环境中存在污染气体时，传感器的电导率随空气中污染气体浓度的增加而增大。使用简单的电路即可将电导率的变化转换为与该气体浓度相对应的输出信号。MQ135 传感器对氨气、硫化物、苯系蒸汽的灵敏度高，对烟雾和其他有害的监测也很理想。这种传感器可检测多种有害气体，是一款适合多种应用的低成本传感器。空气质量传感器可应用于家庭、工业等领域，实现空气污染报警。该传感器有数字量和模拟量两个输出口。

2.3.3　温湿度传感器

2.3.3.1　**温度传感器**

微课 2-3　温湿度传感器

日常生活中，我们使用的体温计能够测量出温度依赖于其中的温度传感器。温度传感器是指能感受温度并转换成可用输出信号的传感器。温度传感器是温度测量仪表的核心部分，品种繁多。温度传感器对于环境温度的测量非常准确，广泛应用于农业、工业、车间、库房等领域。

1. 温度传感器的类型

（1）温度传感器分类按测量方式可分为接触式和非接触式两大类。接触式温度传感器的检测部分与被测对象有良好的接触，又称温度计。温度计通过传导或对流达到热平衡，从而使温度计的示值能直接表示被测对象的温度。非接触式温度传感器的敏感元件与被测对象互不接触，又称非接触式测温仪表。这种仪表可用来测量运动物体、小目标和热容量小或温度变化迅速（瞬变）对象的表面温度，也可用于测量温度场的温度分布。

（2）温度传感器按照传感器材料及电子元件特性分为热电阻和热电偶两类。热电阻是半导体材料，大多为负温度系数，即阻值随温度增加而降低。温度变化会造成大的阻值改变，因此它是最灵敏的温度传感器。热电偶是温度测量中最常用的温度传感器，其主要优点是温度范围宽和适应各种大气环境，而且结实、价低，无须供电，也是最便宜的。

（3）按照温度传感器输出信号的模式，可大致划分为三大类：数字式温度传感器、逻辑输出温度传感器、模拟式温度传感器。采用硅工艺生产的数字式温度传感器，其采用

PTAT 结构,这种半导体结构具有精确的,与温度相关的良好输出特性。逻辑输出温度传感器在许多应用中并不需要严格测量温度值,只关心温度是否超出了一个设定范围,一旦温度超出所规定的范围,则发出报警信号。模拟式温度传感器,如热电偶、热敏电阻和 RTDS 对温度的监控,在一些温度范围内线性不好,需要进行冷端补偿或引线补偿;热惯性大,响应时间慢。

2. 热敏电阻和热电偶的工作原理

本书重点介绍热敏电阻和热电偶两类温度传感器的工作原理。热敏电阻是利用某种半导体材料的电阻率随温度变化而变化的性质制成的。在温度传感器中应用最多的有热电偶、热电阻(如铂、铜电阻温度计等)和热敏电阻。热敏电阻发展最为迅速,由于其性能得到不断改进,稳定性已大为提高,在许多场合下(-40~350 ℃)热敏电阻已逐渐取代传统的温度传感器。

1)热敏电阻

热敏电阻的种类很多,按热敏电阻的阻值与温度关系这一特性可分为三类:正温度系数热敏电阻器(PTC)、负温度系数热敏电阻器(NTC)和突变型负温度系数热敏电阻器(CTR)。这三种类型电阻器使用的热敏电阻材料不同。

正温度系数热敏电阻器的电阻值随着 PTC 热敏电阻本体温度的升高呈现出阶跃性的增加,温度越高,电阻值越大。

负温度系数热敏电阻器是以锰、钴、镍和铜等金属氧化物为主要材料,采用陶瓷工艺制造而成。这些金属氧化物材料都具有半导体性质,因为在导电方式上完全类似锗、硅等半导体材料所以温度低时,这些氧化物材料的载流子数目少,其电阻值较高;随着温度的升高,载流子数目增加,电阻值降低。

突变型负温度系数热敏电阻器的电阻值在某特定温度范围内随温度升高而降低 3~4 个数量级。

2)热电偶

温差热电偶(简称热电偶)是目前温度测量中使用最普遍的传感元件之一。其特点是结构简单,测量范围宽、准确度高、热惯性小,输出信号为电信号便于远传或信号转换,还能用来测量流体的温度、测量固体以及固体壁面的温度。微型热电偶还可用于快速及动态温度的测量。

热电偶的测温原理是:将两种不同的导体或半导体组合成闭合回路,若两种导体连接处温度不同,则在此闭合回路中就有电流产生,也就是说回路中有电动势存在,这种现象叫作热电效应。回路中所产生的电动势,叫热电势。热电势由两部分组成,即温差电势和接触电势。在实际测量中只需用仪表测出回路中总电势即可。由于温差电势与接触电势相比较,其值很小,因此在工程技术中认为热电势近似等于接触电势。在工程应用中,测出回路总电势后,用查热电偶分度表的方法确定被测温度。

2.3.3.2 湿度传感器

随着现代化的发展,很难找出一个与湿度无关的领域来。湿度传感器是指能将湿度量转换成容易被测量处理的电信号的装置。由于应用领域不同,对湿度传感器的技术要求也不同。从制造角度看,同是湿度传感器,材料、结构不同,工艺不同。其性能和技术指标有很大差异，湿度传感器可分为水分子亲和力型湿度传感器和非水分子亲和力型湿度传感器两类。

水分子亲和力型湿度传感器的原理是：湿敏材料吸附水分子后，使其电气性能（比如电阻、电介常数、阻抗等）发生变化。常用的有湿敏电阻、湿敏电容等。非水分子亲和力型湿度传感器是利用物理效应的湿度传感器。常用的有热敏电阻式、红外吸收式、超声波式和微波式湿度传感器。

2.3.3.3 **SHT11 型温湿度传感器**

温湿度传感器由标准数字输出的湿度和温度传感器模块组成。先定做后加工的 CMOS 应用程序确保高度的可靠性和稳定性。该芯片包括两个已校准的微型温度和湿度传感器，14 位的 A/D 转换器，放大器，线性校准电路和数字串行接口。一体化的结构使它具有质量好、反应快、抗干扰、价格低等特点。每一个传感器在精确的湿度室内校准，其校准系数被写到 OTP 存储器中。两线制的串行接口和内部电压校准使系统一体化，既容易又快捷。它的外形小巧，能耗低，适用于许多行业，如可应用于汽车、仪表、医疗器械、供暖系统、通风设备和空调系统。SHT11 的湿度检测运用电容式结构，采用具有不同保护的“微型结构”检测电极系统与聚合物覆盖层来组成传感器芯片的电容，除保持电容式湿敏器件的原有特性外，还可抵御来自外界的影响。由于它将温度传感器与湿度传感器结合在一起而构成了一个单一的个体，因而测量精度较高且可精确得出露点，同时不会产生由于温度与湿度传感器之间随温度梯度变化引起的误差。CMOSensTM 技术不仅将温湿度传感器结合在一起，而且还将信号放大器、模数转换器、校准数据存储器、标准 I2C 总线等电路全部集成在一个芯片内。

2.3.4 红外传感器

动画 2-2 人体感应红外传感器

红外线传感器是利用红外线来进行数据处理的一种传感器，有灵敏度高等优点，可以控制驱动装置的运行。常用于无接触温度测量、气体成分分析和无损探伤，在医学、军事、空间技术和环境工程等领域得到广泛应用。

红外线传感器是利用物体产生红色辐射的特性实现自动检测的传感器。红外线又称红外光，它具有反射、折射、散射、干涉、吸收等性质。任何物质，只要它本身具有一定的温度（高于绝对零度），都能辐射红外线。红外线传感器测量时不与被测物体直接接触，因而不存在摩擦，并且有灵敏度高、响应快等优点。

2.3.4.1 **红外线辐射**

红外辐射是红外传感器的关键技术，它的基本特点包括：红外光是一种不可见光，波长范围大致在 0.75~1 000 μm。工程上又把红外线所占据的波段分为四部分，即近红外、中红外、远红外和极远红外。

红外辐射的物理本质是热辐射。一个炽热物体向外辐射的能量大部分是通过红外线辐射出来的。物体的温度越高，辐射出来的红外线越多，辐射能量就越强。自然界中的任何物体，只要温度在绝对零度以上，都有红外线向周围空间辐射（光谱中最大光热效应区）。红外辐射具有反射、折射、散射、干涉、吸收等特性，它在真空中也以光速传播，具有明显的波粒二相性。大气层对不同波长的红外线存在不同的吸收带,红外线在通过大气层时,有三个波段透过率高,这三个波段对红外探测技术特别重要,因此红外探测器(如遥感探测)一般都工作在这三个波段之内。

红外辐射的性质包括:金属对红外辐射衰减非常大,一般金属基本不能透过红外线;气体对红外辐射也有不同程度的吸收;介质不均匀、晶体材料的不纯洁、有杂质或悬浮小颗粒等都会引起对红外辐射的散射。实践证明,温度越低的物体,辐射的红外线波长越长。由此在应用中根据需要有选择地接收某一定范围的波长,就可以达到测量的目的。

2.3.4.2　红外传感器

用红外线作为检测媒介来测量某些非电量,这样的传感器叫作红外传感器。与用可见光作为媒介的检测方法相比,红外传感器具有以下几方面的优点:

(1)可昼夜测量。

(2)不必设光源。

(3)适用于遥感技术。

红外线传感器依动作可分为:将红外线一部分变换为热,藉热取出电阻值变化及电动势等输出信号之热型。利用半导体迁徙现象吸收能量差之光电效果及利用因 PN 结合之光电动势效果的量子型。

红外线传感器包括光学系统、检测元件和转换电路。光学系统按结构不同可分为透射式和反射式两类。检测元件按工作原理可分为热敏检测元件和光电检测元件。热敏元件应用最多的是热敏电阻。热敏电阻受到红外线辐射时温度升高,电阻发生变化(这种变化可能是变大也可能是变小,因为热敏电阻可分为正温度系数热敏电阻和负温度系数热敏电阻),通过转换电路变成电信号输出。光电检测元件常用的是光敏元件,通常由硫化铅、硒化铅、砷化铟、砷化锑、碲镉汞三元合金、锗及硅掺杂等材料制成。

人体感应传感器是红外传感器的典型应用。HC-SR501 小型人体感应模块是基于红外线技术的自动控制产品,灵敏度高,可靠性强,超小体积,超低电压工作模式,广泛应用于各类自动感应电器设备,尤其是干电池供电的自动控制产品。它在功能上具有八个特点,下面分别进行介绍。

(1)全自动感应。人进入其感应范围则输出高电平,人离开感应范围则自动延时关闭高电平,输出低电平。

(2)光敏控制。可设置光敏控制,白天或光线强时不感应。

(3)温度补偿。在夏天当环境温度升高至 30~32 ℃,探测距离稍变短,温度补偿可作一定的性能补偿。

(4)有两种触发方式(可使用跳线进行选择)。第一种是不可重复触发方式,即感应输出高电平后延时时间段一结束,输出将自动从高电平变成低电平;第二种是可重复触发方式,即感应输出高电平后,在延时时间段内,如果有人体在其感应范围活动,其输出将一直保持高电平,直到人离开后才延时将高电平变为低电平。

(5)具有感应封锁时间(默认设置为 2.5 s)。感应模块在每一次感应输出后(也就是高电平变成低电平),可以紧跟着设置一个封锁时间段,在此时间段内感应器不接受任何感应信号。此功能可以实现“感应输出时间”和“封锁时间”两者的间隔工作,可应用于间隔探测产品;同时此功能可有效抑制负载切换过程中产生的各种干扰。

(6)工作电压范围宽。默认工作电压 DC4.5 V~20 V。

(7)微功耗。静态电流(50 μA,特别适合干电池供电的自动控制产品)。

(8)输出高电平信号。可方便与各类电路实现对接。

2.3.5 火焰传感器

微课 2-4 火焰传感器

2.3.5.1 火焰传感器概述

火焰传感器是一种用于检测特定区域中是否存在火焰的设备。它通常用于各种应用,包括煤气炉、锅炉和其他加热系统。火焰传感器的目的是确保加热系统正常工作,并防止可能由故障系统引起的任何潜在安全隐患。

火焰是由各种燃烧生成物、中间物、高温气体、碳氢物质以及无机物质为主体的高温固体微粒构成的。火焰的热辐射具有离散光谱的气体辐射和连续光谱的固体辐射。不同燃烧物的火焰辐射强度、波长分布有所差异,但总体来说,其对应火焰温度的近红外波长域及紫外光域具有很大的辐射强度,根据这种特性可制成火焰传感器。

火焰传感器是一种重要的安全设备,用于检测加热系统中是否存在火焰。通过使用光电池或光电二极管来检测火焰发出的特定波长的光,传感器能够确定系统是否正常工作。火焰传感器主要由检测器、探测器和控制器组成。检测器是检测火焰的重要元件,它通常是一个光敏电阻,当它检测到火焰时,就会发出一个电信号。探测器是用来检测火焰的重要元件,它通常是一个光学传感器,当它检测到火焰时,就会发出一个电信号。控制器则可以根据检测器和探测器检测到的电信号,来控制火焰的输出。

火焰传感器可以检测到火焰,并输出一个电信号,从而提供报警或控制系统的信息。它的工作原理是通过检测器和探测器来检测火焰,从而输出一个电信号,最后由控制器来控制火焰的输出。

2.3.5.2 火焰传感器的类型

常见火焰传感器的类型包括远红外火焰传感器、紫外火焰传感器和电离火焰传感器。每个传感器的工作方式略有不同,可能更适合某些应用,这取决于系统的具体要求。

1. 远红外火焰传感器

远红外火焰传感器,也称为红外火焰传感器,是一种用于检测加热系统中是否存在火焰的传感器。这种类型的传感器使用红外辐射来检测火焰发出的特定波长的光,从而确定是否存在火焰。它的工作原理是基于所有物体都会发射红外辐射这一事实,红外辐射是一种比可见光波长更长的电磁辐射。当一个物体被加热时,它的温度会升高,从而发出更多的红外辐射。

远红外火焰传感器能够探测到波长在 700~1 000 nm 范围内的红外光,探测角度为 60°,其中红外光波长在 880 nm 附近时,其灵敏度达到最大。远红外火焰探头将外界红外光的强弱变化转化为电流的变化,通过 A/D 转换器反映为 0~255 范围内数值的变化。外界红外光越强,数值越小;红外光越弱,数值越大。

使用远红外火焰传感器的关键优势之一是,即使在可能有其他热源的情况下,如阳光或系统内的其他热源,它也能够检测到火焰。这是因为传感器是专门设计来检测火焰发出的独特波长的红外辐射,并能够将这种辐射与其他红外辐射源区分开来。

2. 紫外火焰传感器

紫外火焰传感器也称为 UV 火焰传感器,是一种用于检测加热系统中火焰存在的传感器。该传感器使用紫外线辐射来检测火焰发出的特定波长的光,从而确定火焰是否存在。紫外火焰传感器的工作原理是基于火焰产生的红外辐射可以吸收紫外线辐射的特性。

紫外火焰传感器的主要组成部分包括紫外线发射器、紫外线接收器、控制电路、光学透镜和外壳。这些组件共同工作,以检测加热系统中火焰的存在,并确保系统的安全和正常运行。

紫外火焰传感器可以用来探测火源发出的400 nm以下热辐射。它的工作原理如下:紫外火焰传感器的探头可根据实际设定探测角度,紫外透射可见吸收玻璃(滤光片)能够探测到波长在400 nm范围以及中红外光波长在350 nm附近时,其灵敏度达到最大。紫外火焰探头将外界红外光的强弱变化转化为电流的变化,通过A/D转换器反映为0~255范围内数值的变化。外界紫外光越强,数值越小;紫外光越弱,数值越大。

紫外火焰传感器是一种非常重要的火灾检测设备,可以在工业和商业应用中确保设备的安全和正常运行。它的高可靠性、快速响应、广泛适用、低成本和强抗干扰性等特点,使其成为许多工业和商业应用中的必备设备。

2.3.6 声音传感器

2.3.6.1 声音传感器概述

声音传感器是一种用于检测声音的传感器,它可以将声音转换成电信号,从而实现对声音的测量和分析。声音传感器是一种将在气体、液体或固体中传播的机械振动转换成电信号的器件。它可以用于许多不同的应用场景,场景如下:

(1)声音检测。声音传感器可以检测环境中的声音,并将其转化为电信号。这可以用于检测噪声、声音强度、声音频率和声音来源等信息。

(2)声音识别。声音传感器可以用于声音识别,例如语音识别、声纹识别和环境声音识别等。这些应用可以用于安全、自动化和人机交互等领域。

(3)声音记录。用于记录环境中的声音,例如野生动物声音、自然环境声音和机器运行声音等。这些记录可以用于科学研究、音乐制作和娱乐等领域。

(4)声音控制。声音传感器可以用于声控交互,例如语音控制智能家居、语音控制汽车和语音控制设备等。这些应用可以提高生活和工作效率,带来更加智能化的体验。

(5)声音传感器的工作原理基于以下几个步骤:声波产生,信号放大,数字化处理。处理后的数字信号可以用于各种应用。声音传感器按测量原理可分为压电效应、电致伸缩效应、电磁感应、静电效应和磁致伸缩等。信号的传输流程为:敏感元件→信号→电路转换、放大→传送。

2.3.6.2 声音传感器的类型

声音传感器根据测量原理可分为电阻变换型、压电型和电容型三类。

1. 电阻变换型声音传感器

电阻变换型声音传感器的工作原理是基于声音压力对电阻值的影响。当声音压力变化时,电阻值也会相应地发生变化,从而产生电信号。当声波经空气传播至膜片时,膜片产生振动,在膜片和电极之间的碳粒的接触电阻发生变化,从而调制通过送话器的电流,该电流经变压器耦合至放大器,信号经放大后输出。

电阻变换型声音传感器具有高灵敏度、快速响应、广泛的频率响应范围、低成本和强抗干扰性等特点。它可以在各种应用场景中,例如环境监测、安全、自动化和人机交互等领域中,提供有用的声音信息和数据。

2. 压电型声音传感器

压电型声音传感器的工作原理是基于压电效应。当声波通过压电材料时,材料会产生电荷,从而产生电信号。压电型声音传感器通常由压电陶瓷或压电聚合物等材料制成。当声压作用在膜片上使其振动时,膜片带动压电晶体产生机械振动,压电晶体在机械应力的作用下产生随声压大小变化而变化的电压,从而完成声-电的转换。压电型声音传感器具有高灵敏度、广泛的频率响应范围、快速响应、强抗干扰性和耐高温等特点。

3. 电容型声音传感器

电容型声音传感器的工作原理是基于声音对电容值的影响。当声波通过电容器时,电容值会随之变化,从而产生电信号。电容型声音传感器通常由电容器和变压器组成。当声波传播到电容器上时,电容值会随之变化,从而在变压器中产生电信号。这个电信号可以被测量,从而确定声音的强度和频率。

当膜片在声波作用下振动时,膜片与固定电极间的距离发生变化,从而引起电容量的变化。如果在传感器的两极间串接负载电阻RL和直流电流极化电压E,在电容量随声波的振动变化时,在RL的两端就会产生交变电压。电容型声音传感器具有高灵敏度、广泛的频率响应范围、快速响应、强抗干扰性和低功耗等特点。

2.4 ADC数据采集

随着数字技术,特别是信息技术的飞速发展与普及,在现代控制、通信及检测等领域,为了提高系统的性能指标,对信号的处理广泛采用了数字计算机技术。由于系统的实际对象往往都是模拟量(如温度、压力、位移、图像等),而要使计算机或数字仪表能识别、处理这些信号,必须首先将这些模拟量转换成数字量。此外,经计算机分析、处理后输出的数字量也往往需要将其转换为相应模拟量才能为执行机构所接受。

因此,就需要一种能在模拟量与数字量之间起桥梁作用的器件——模数转换器和数模转换器。将模拟量转换成数字量的器件,称为模数转换器(简称A/D或者ADC,全称Analog to Digital Converter)。将数字信号转换为模拟信号的电路称为数模转换器(简称D/A转换器或DAC,全称Digital to Analog Converter)。A/D转换器和D/A转换器已成为信息系统中不可缺少的接口电路。

2.4.1　ADC 模数转换的过程

模数转换包括采样、保持、量化和编码四个过程。在某些特定的时刻对这种模拟信号进行测量叫作采样,通常采样脉冲的宽度是很短的,所以采样输出是断续的窄脉冲。要把一个采样输出信号数字化,需要将采样输出所得的瞬时模拟信号保持一段时间,这就是保持过程。量化是将保持的抽样信号转换成离散的数字信号。编码是将量化后的信号编码成二进制代码输出。这些过程有些是合并进行的,例如采样和保持就利用一个电路连续完成,量化和编码也是在转换过程中同时实现的,且所用时间又是保持时间的一部分。

2.4.2　ADC 转换器的主要性能指标

(1)分辨率。它表明 A/D 对模拟信号的分辨能力,由它来确定能被 A/D 辨别的最小模拟量变化。一般来说,A/D 转换器的位数越多,其分辨率越高。实际的 A/D 转换器通常有 8 位、10 位、12 位和 16 位等。

(2)量化误差。由于 A/D 的有限分辨率而引起的误差,即有限分辨率 A/D 的阶梯状转移特性曲线与无限分辨率 A/D(理想 A/D)的转移特性曲线(直线)之间的最大偏差,通常是 1 个或半个最小数字量的模拟变化量,表示为 1 LSB、1/2 LSB。

(3)转换时间。转换时间是 A/D 完成一次转换所需要的时间。一般转换速度越快越好,常见有高速(转换时间<1 μs)、中速(转换时间<1 ms)和低速(转换时间<1 s)等。

(4)绝对精度。指的是对应于一个给定量,A/D 转换器的误差,其误差大小由实际模拟量输入值与理论值之差来度量。

(5)相对精度。指的是满度值校准以后,任一数字输出所对应的实际模拟输入值(中间值)与理论值(中间值)之差再去除以量程。例如,对于一个 8 位 0~3.3 V 的 A/D 转换器,如果其相对误差为 1 LSB,则其绝对误差为 12.9 mV,相对误差为 0.39%。

2.4.3　模拟量转换为数字量举例

A/D 转换电路中,模拟量 U_A 经模数转换后的数字量 A/D 计算过程如式(2-1)所示:

$$\mathrm{A/D}=\frac{U_{\mathrm{A}}}{V_{\mathrm{DD}}}\cdot 2^n=\frac{2^n}{V_{\mathrm{DD}}}\cdot U_{\mathrm{A}} \tag{2-1}$$

式中:n 为模数转换的精度位数;V_{DD} 为转换电路的供电电压。

如传感器实验模块中精度为 6 位,供电电压为 3.2 V,则 $\mathrm{A/D}=\frac{64}{3.2}\times U_A$

小　结

本项目首先介绍了传感器的概念、组成、特性和分类;其次介绍了光敏传感器、气体传感器、温湿度传感器、红外传感器、声音传感器等常用传感器的工作原理;最后介绍了 ADC 数据采集的方法。

练　习

一、单选题

1. 光敏二极管所利用的是(　　)。

A. 外光电效应　B. 内光电效应　C. 光生伏特效应　D. 电磁感应

2. 一个12位分辨率的ADC,若供电电压为5 V,当输入模拟量为2 V时,可计算出输出数字量为(　　)。

A. 102　B. 103　C. 1 638　D. 1 639

3. 关于光敏电阻的说法正确的是(　　)。

A. 亮电阻的单位为MΩ

B. 亮电阻是光敏电阻器受到光照射时的电阻值

C. 光敏电阻中的亮电阻阻值大,暗电阻阻值小

D. 亮电阻是为暗电流服务的

4. TGS813可燃气体传感器当检测到的有害气体浓度超过阈值时,下列说法正确的是(　　)。

A. 传感器会微微发烫

B. 传感器的输出电压变小

C. 传感器的输出电压不变

D. 以上都不正确

5. 正温度系数热敏电阻的阻值随温度升高而(　　)。

A. 先升高再降低　B. 先降低再升高　C. 降低　D. 升高

二、简答题

1. 什么叫传感器？它由哪几部分组成？请说出各组成部分的作用及其相互间的关系。

2. 简述传感器的作用和地位及传感器技术的发展方向。

3. 传感器的静态特性指的是什么？衡量它的性能指标主要有哪些？

4. 传感器的动态特性指的是什么？常用的分析方法有哪几种？

5. 传感器的分类方法有哪些？分别可划分为哪些类别？

项目3 STM32应用开发

【学习目标】

1. 了解STM32微控制器的产品分类、主要特性及其软件开发模式。
2. 掌握基于STM32CubeMX和HAL库的开发环境搭建与工程建立方法。
3. 掌握STM32微控制器的GPIO的工作原理。
4. 掌握STM32微控制器的中断管理的工作原理。
5. 掌握STM32微控制器的USART外设的工作原理。
6. 掌握STM32微控制器的定时器的基本工作原理。

【案例导入】

在一个智慧农场里有大量的农作物需要管理。传统的农作物管理方式需要人工巡视,消耗大量的时间和人力成本。为了提高农作物管理的效率和减少成本,采用物联网技术来构建一个智能农场。

在这个智能农场中,需要使用各种传感器模块来监测农作物的生长环境,比如温度、湿度、土壤湿度、光照强度等。通过采集这些数据,可以及时地发现农作物生长环境中的问题,并且及时采取相应的措施来解决。除了各种各样的传感器模块,还需要使用STM32微控制器来控制水泵、灌溉系统、光照控制系统等。通过STM32微控制器,可以实现自动化控制,比如定时控制水泵的开关,根据温度和湿度自动调节灌溉系统的启停,根据光照强度自动调节光照控制系统的亮度等。

通过这个应用案例,我们了解到STM32微控制器是实现农场自动化控制和数据采集的重要组成部分。在项目中,我们会详细介绍STM32微控制器的知识和应用开发的方法。

【思政导引】

STM32微控制器作为一种嵌入式微处理器,广泛应用于智能家居、智能交通、医疗设备、航空航天等领域,应用于各种电子设备和系统中。因此,本项目内容的学习不仅仅是为了了解STM32微控制器的技术特性和软件开发模式,更是为了培养大家的工程实践能力和创新精神,进一步提高综合素质和竞争力。

首先,在学习STM32微控制器的产品分类和主要特性的过程中,因为涉及工程设计中的选型问题,大家需要具备科学的思维和判断能力,能够根据具体应用场景和需求选择合适的产品,并了解其技术特性和性能指标。这种思维能力和决策能力是工程实践中必不可少的。

其次,在进行STM32微控制器的软件开发模式学习时,我们需要了解软件开发的基本原理和方法,掌握基本的编程技能和工具使用,同时也需要具备团队协作和项目管理的能力,这是培养大家团队意识和实践能力的重要途径。

最后,大家除要掌握STM32微控制器的GPIO、中断管理、USART外设、定时器、ADC外设等的工作原理和使用方法外,也需要了解它们在实际应用中的作用和价值。大家要能在工程实践中应用所学知识,解决实际问题,提高工程实践能力和创新能力。

【知识精讲】

3.1　STM32 基础知识

3.1.1　STM32 概述

STM32 微控制器是由意法半导体公司(STMicroelectronics 简称 ST),开发的一款 32 位 RISC 架构微控制器,它基于 ARM Cortex-M 内核。STM32 微控制器具有强大的计算和通信能力,可用于各种嵌入式系统中。STM32 微控制器是一款低功耗、高性能、易于编程的处理器,也是目前市场上最受欢迎的微控制器之一。

STM32 微控制器具有以下一些特点:

(1)丰富的外设和接口。包括通用串行总线(USART)、串行外设接口(SPI)、I^2C 接口、通用定时器/计数器(TIM)、模拟数字转换器(ADC)等,以及多种存储器接口、中断控制器等。

(2)多种型号和封装。STM32 微控制器有多种型号和封装可供选择,包括 LQFP、BGA、LGA 等,以满足不同应用的需求。

(3)低功耗模式。STM32 微控制器具有多种低功耗模式,包括 Sleep、Stop、Standby 等,可有效地管理电源消耗,延长电池寿命。

(4)易于使用的开发工具和环境。ST 官方提供了一系列免费的开发工具和环境,包括 STM32CubeMX、STM32CubeIDE 等,可以帮助开发人员快速开发和调试 STM32 微控制器的应用程序。

STM32 微控制器可以应用在非常多的领域,例如:①消费电子:智能手机、平板电脑、数码相机等。②工业自动化:工业控制器、机器人、自动化生产线等。③汽车电子:车载娱乐系统、发动机控制系统、车身电子系统等。④医疗设备:心率监测器、血压计、呼吸机等。⑤家居电器:智能门锁、智能家居控制器等。⑥航空航天:STM32 微控制器可用于航空航天领域的飞行控制、导航控制、通信控制等。

3.1.2　STM32 硬件架构

STM32 微控制器的硬件架构包括内核、存储器、外设和接口等。以下是对这些部分的详细介绍。

3.1.2.1　内核

STM32 微控制器的内核基于 ARM Cortex-M0/M3/M4/M7 内核,这是一种 32 位 RISC 架构处理器。不同型号的 STM32 微控制器集成了不同版本的 Cortex-M 内核。Cortex-M0 内核具有较低的功耗和较小的存储器占用,适用于低功耗应用。Cortex-M3 内核具有较高的性能和较丰富的外设接口,适用于大多数应用。Cortex-M4 内核在 Cortex-M3 的基础上增加了 DSP 和浮点运算单元,适用于需要高性能的应用。Cortex-M7 内核在 Cortex-M4 的基础上进一步增强了性能和功耗效率。

3.1.2.2　存储器

STM32微控制器的存储器包括Flash存储器和SRAM存储器。Flash存储器用于存储应用程序和配置数据,通常具有较大的存储容量。SRAM存储器用于存储运行时数据和堆栈等,通常具有较小的存储容量。不同型号的STM32微控制器具有不同大小的存储器容量,可以根据应用需求选择合适的型号。

3.1.2.3　外设和接口

STM32微控制器具有丰富的外设和接口,包括通用串行总线(USART)、串行外设接口(SPI)、I^2C接口、通用定时器/计数器(TIM)、模拟数字转换器(ADC)等。其中,通用串行总线和串行外设接口用于实现与其他设备的通信,I^2C接口用于实现设备之间的通信和控制,通用定时器/计数器用于生成各种定时和计数信号,模拟数字转换器用于将模拟信号转换为数字信号。此外,STM32微控制器还具有多种存储器接口、中断控制器等。

3.1.2.4　时钟管理

STM32微控制器的时钟管理包括内部时钟和外部时钟。内部时钟由RC振荡器或晶体振荡器提供,用于系统时钟和外设时钟的生成。外部时钟由外部晶体或时钟源提供,用于提供更稳定的时钟信号。STM32微控制器还具有PLL(锁相环)模块,可以将内部时钟倍频或分频,以生成更高或更低的时钟频率。

3.2　开发环境的搭建与工程的建立

3.2.1　STM32的软件开发模式

开发者基于ST公司提供的软件开发库进行应用程序的开发,常用的STM32软件开发模式主要有以下几种:

(1)基于寄存器的开发模式。基于寄存器编写的代码简练、执行效率高。这种开发模式有助于开发者从细节上了解STM32微控制器的架构与工作原理,但由于STM32微控制器的片上外设多且寄存功能五花八门,因此开发者需要花费很多时间精力研究产品手册。这种开发模式的另一个缺点是:基于寄存器编写的代码后期维护难、移植性差。总的来说,这种开发模式适合有较强程序功底的开发者。

(2)基于标准外设库的开发模式。这种开发模式对开发者的要求较低,开发者只要会调用API即可编写程序。基于标准外设库编写的代码容错性好且后期维护简单,其缺点是运行速度相对寄存器级偏慢。另外,基于标准外设库的开发模式比较不利者深入掌握STM32微控制器的架构与工作原理。总体来说,这种开发模式适合快速入门,大多数初学者会选择。

(3)基于STM32Cube的开发模式。基于STM32Cube的开发流程如下:①开发者先根据应用需求使图形化配置与代码生成工具对MCU片上外设进行配置;②然后生成基于HAL库或LL库的初始化代码;③最后将生成的代码导入集开发环境进行编辑、编译和运行。

基于STM32Cube的开发模式优点有以下几点:①初始代码框架是自动生成的,这简化了开发者新建工程、编写初始代码的过程;②图形化配置与代码生成工具操作简单、界面直观,这为开发者节省了查询数据手册了解引脚与外设功能的时间;③HAL 库的特性决定了基于 STM32Cube 的开发模式编写代码移植性最好。这种开发模式的缺点是函数调用关系比较复杂、程序可读性差、执行效率偏低以及对初学者不友好等。

另外,图形化配置与代码生成工具的"简单易用"是建立在使用者已经熟练掌握了 STM32 微控制器的基础知识和外设工作原理的前提下,否则在使用过程中将会到处碰壁。

基于 STM32Cube 的开发模式是 ST 公司目前主推的一种模式,对于近年来推出的新产品,ST 公司也已不为其配备标准外设库。因此,为了顺应技术发展的潮流,本书选取基于 STM32Cube 的开发模式,后续的任务实施都是基于这种开发模式。

3.2.2 开发环境搭建

微课 3-1 开发环境搭建

3.2.2.1 MDK-ARM 的安装

1. 下载安装包并安装

从 Keil 官网下载 MDK-ARM 的安装包,如 MDK528A.EXE。安装包下载完毕后,双击运行进入安装界面,根据向导提示点击"Next"按钮, 安装目录保持默认即可,如图 3-1 所示。

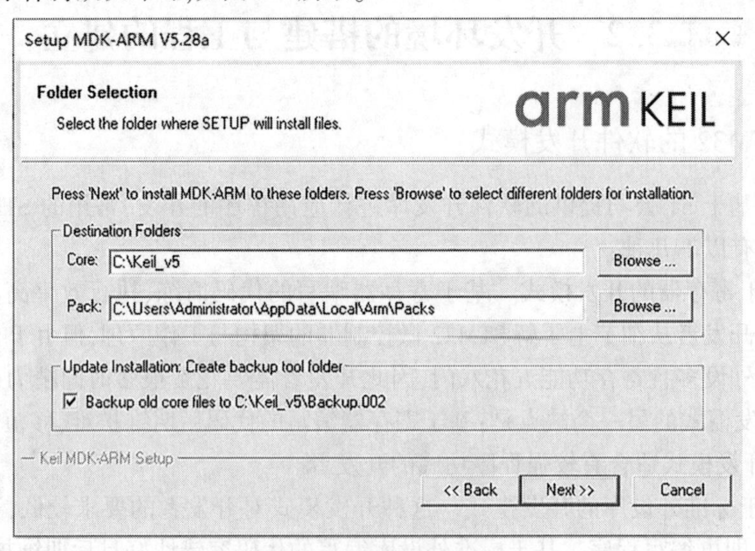

图 3-1 默认安装目录

安装成功后,系统将进入软件包欢迎界面,如图 3-2 所示。

2. 安装软件包

方法一:点击图 3-2 中的"OK"按钮之后,将会进入软件包的安装主界面,如图 3-3 所示。

图 3-2　欢迎界面

在 Pack Installer 窗口左半部的 Device 列表选择相应的 STM32 微控制器型号，如 STM32F103VE（图 3-3 中的标号①处），然后点击右侧的“Install”按钮进行在线安装（图 3-3 中的标号②处），同时可通过图中标号④处的进度条观察安装。如果下载速度较慢，可使用工具进行下载，将图 3-3 中标号③处的网址复制到下载工具中即可。

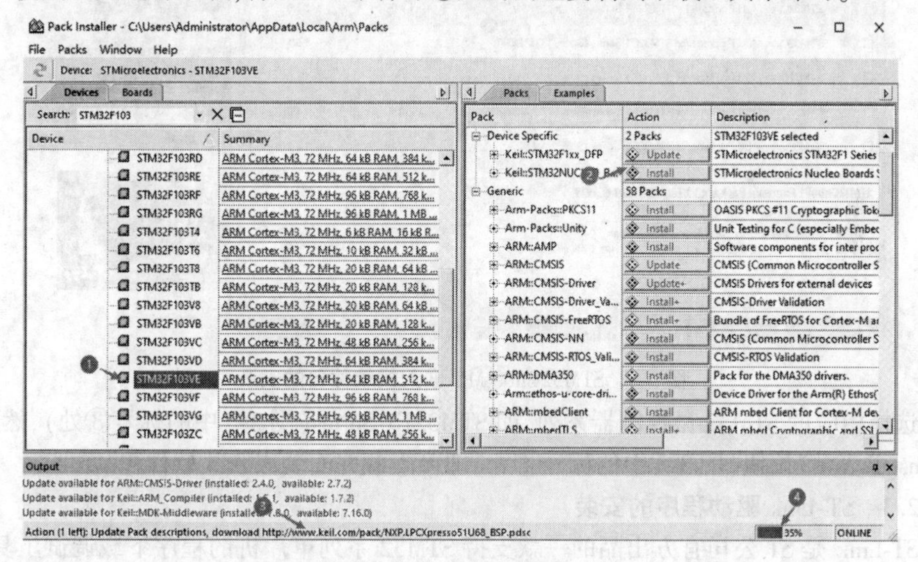

图 3-3　安装主界面

方法二：找到随书配套资源包中的 MDK 支持包，如图 3-4 所示，双击进行安装。

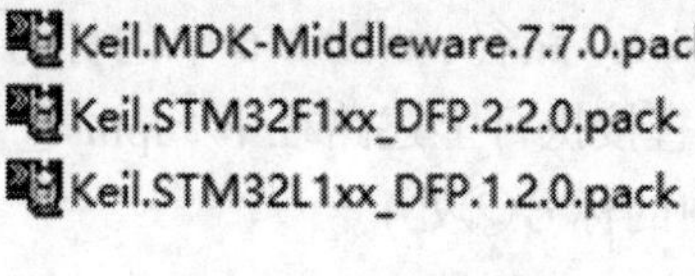

Keil.MDK-Middleware.7.7.0.pack

Keil.STM32F1xx_DFP.2.2.0.pack

Keil.STM32L1xx_DFP.1.2.0.pack

图 3-4　MDK 支持包

3.2.2.2　STM32CubeMX 的安装

1. 下载安装包并安装

STM32CubeMX 软件的运行依赖 Java Run Time Environment(简称 JRE),因此建议在安装前到 Java 的官网下载 JRE。读者应根据自己操作系统选择 32 位或 64 位版本进行下载安装,目前使用的基本上都是 64 位的。

STM32CubeMX 软件可访问其主页获取,安装过程根据安装向导一步一步操作即可。

2. 嵌入式软件包的安装

打开安装好的 STM32CubeMX 软件,点击“Help”菜单(图 3-5 中标号①处),选择“Manage embedded software packages”选项(图 3-5 中标号②处)进入嵌入式软件包管理界面。

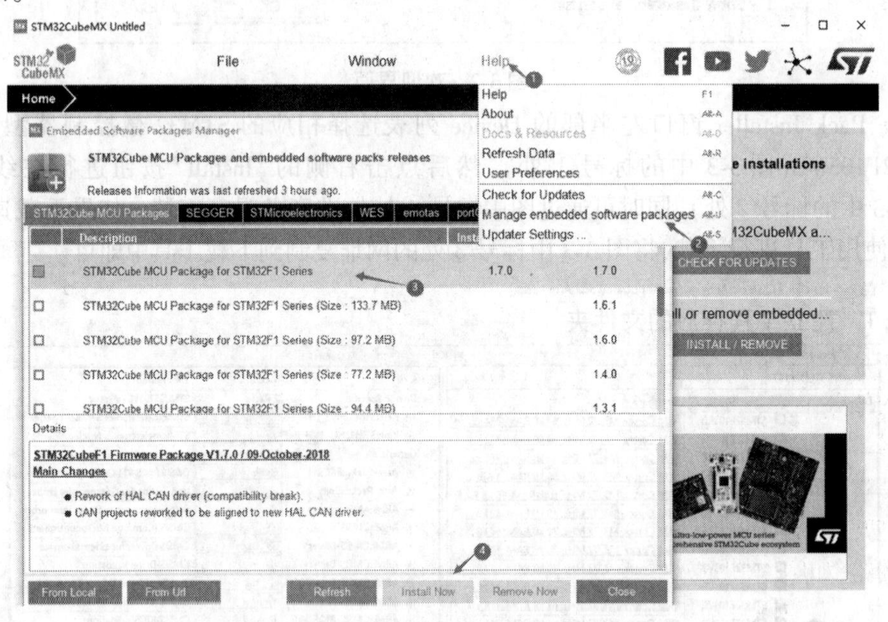

图 3-5　STM32Cube MX 嵌入式软件包的安装

选择相应的 STM32 微控制器系列,如 STM32F1 Series(图 3-5 中的标号③处),然后点击“Install Now”按钮(图 3-5 中的标号④处)即可下载并安装嵌入式软件包。

3.2.2.3　ST-Link 驱动程序的安装

ST-Link 是 ST 公司官方出品的一款支持 STM32 系列单片机的程序下载调试工具,使用前应安装相的驱动程序。

MDK-ARM 的安装目录中包含了 ST-Link 下载调试工具的驱动程序,其位于“C:\Keil_v5 \ARM \STLink \USBDriver”路径,如图 3-6 中的标号①处所示。读者的 PC 机如果安装了 64 位的操作系统,则直接执行上述路径下“dpinst_ amd64. exe”可执行文件即完成驱动程序的安装(如图 3-6 中的标号②处)。

图 3-6　ST-Link 下载调试工具的驱动程序路径

3.2.3　建立工程

工程的建立总共分为建立工程存放的文件夹、新建 STM32CubeMX 工程、配置 GPIO 功能、配置调试端口、配置 MCU 时钟树、保存 STM32CubeMX 工程和生成 C 代码工程七个步骤。

3.2.3.1　建立工程存放的文件夹

在系统盘之外的其他任意盘的根目录下新建文件夹“STM 32_WorkSpace”用于保存所有的任务工程，然后在该文件夹下新建文件夹，用于保存本任务工程，这里我们将文件夹命名为“task_ProjectFirst”。

3.2.3.2　新建 STM32CubeMX 工程

打开 STM32CubeMX 工具，点击“ACCESS TO MCU SELECTOR”，也就是 MCU 型号选择的按钮，如图 3-7 所示。

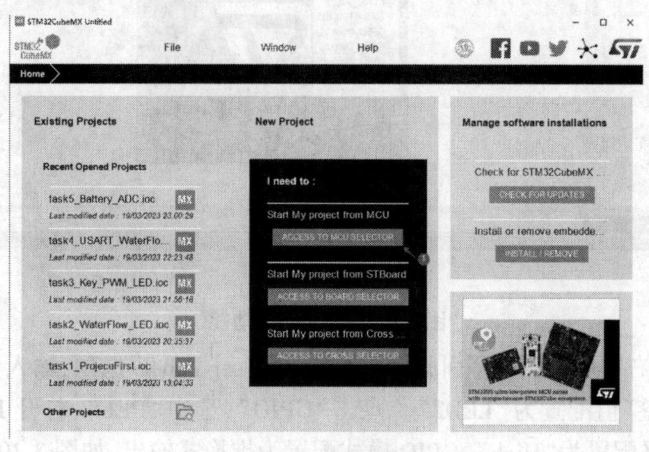

图 3-7　MCU 型号选择

进入选择窗口，在搜索框中输入 MCU 型号的关键字，如 STM32F103VE。点击“Start Project”按钮新建 STM32CubeMX 工程，如图 3-8 所示。

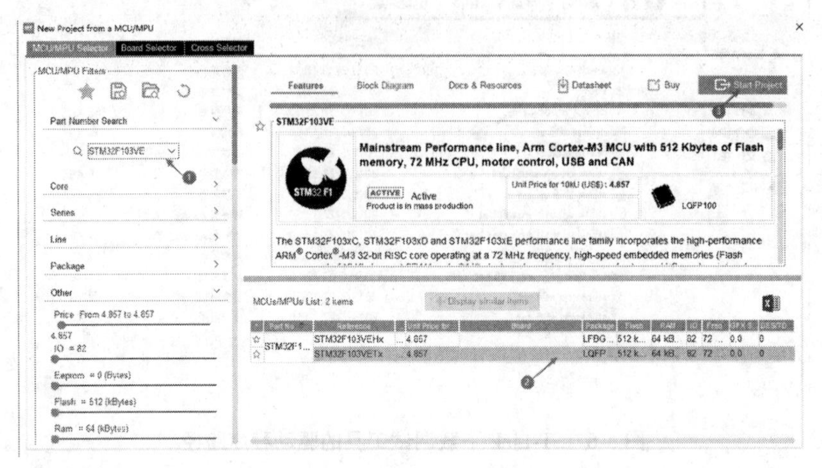

图 3-8　查找 MCU 型号

3.2.3.3　配置 GPIO

假设开发板的“PE6”引脚与 LED 灯——“LED2”相连。我们就在 STM32CubeMX 工具的配置主界面上用鼠标左键单击 MCU 的“PE6”引脚，选择功能“GPIO _Output”，如图 3-9 所示。

图 3-9　配置 GPIO 功能

然后用鼠标右键单击“PE6”引脚，选择“Enter User Label”选项，输入值“LED2”，将该引脚的“用户标签”值配置为“LED2”。点击“GPIO”，选中“PE6”，打开 PE6 引脚的配置窗口，将输出电平配置为“High”，GPIO 模式配置为推挽式输出，如图 3-10 所示。

3.2.3.4　配置调试端口

STM32 微控制器支持通过 JTAG 接口或 SWD 接口与仿真器相连进行在线调试。

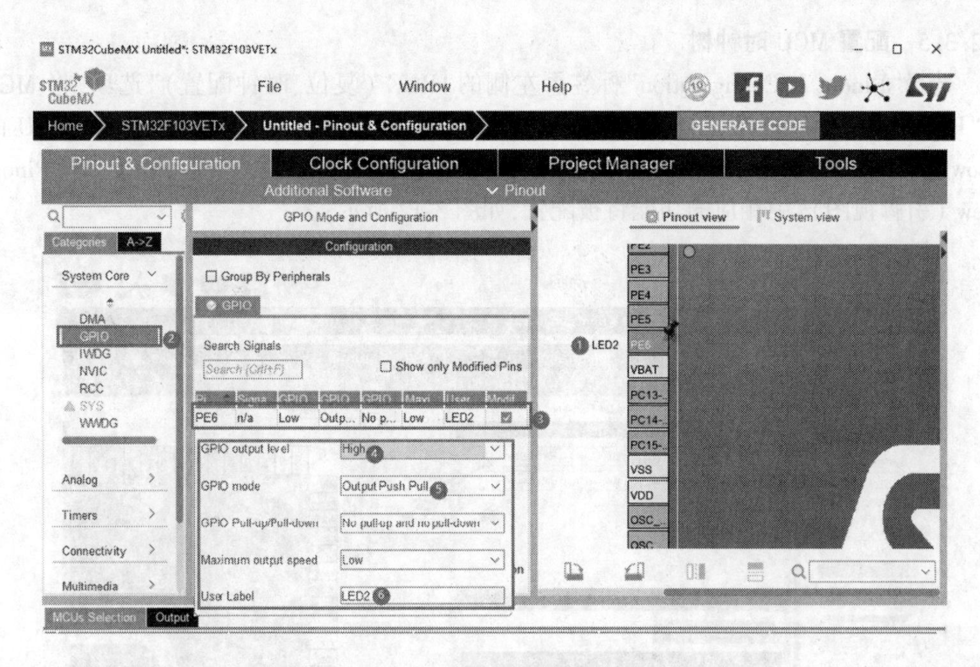

图3-10　配置GPIO引脚标签

SWD接口占用资源少,多数选择使用ST-Link仿真器。展开引脚分配和配置标签页左侧的"System Core(系统内核)"选项,选择"SYS",将"Debug(调试)"下拉菜单改为"Serial Wire(串口线)"即可将"PA13"引脚配置为SWDIO功能,"PA14"引脚配置为SWCLK功能,如图3-11所示。

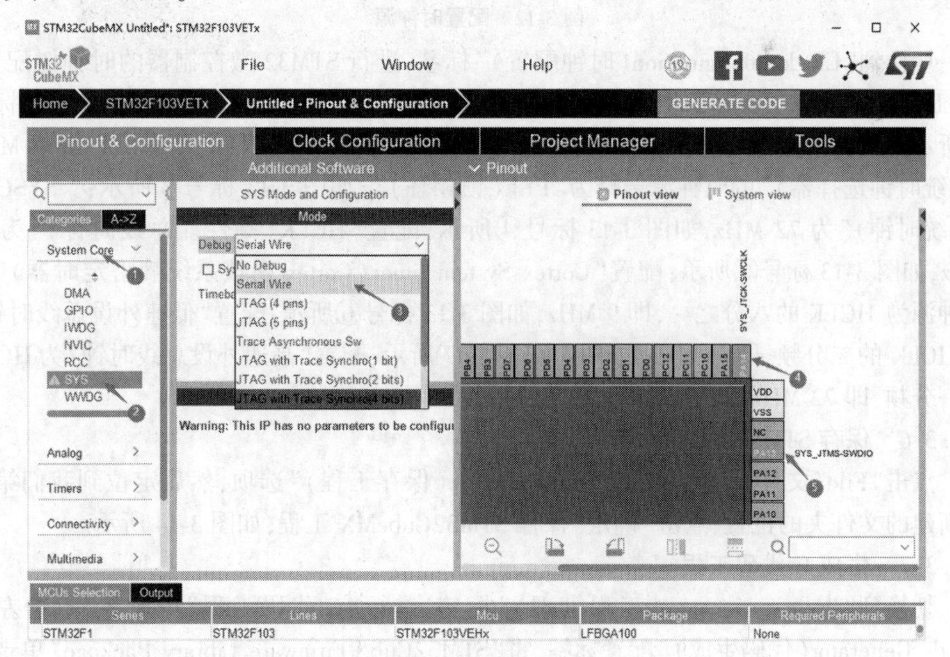

图3-11　配置调试端口

3.2.3.5 配置 MCU 时钟树

选择“Pinout & Configuration”标签页左侧的“RCC（复位、时钟配置）”选项，将 MCU 的“High Speed Speed Clock（HSE，高速外部时钟）”配置为“晶振”，同样地，将 MCU 的“Low Speed Clock（LSE，低速外部时钟）”也配置为“晶振”，配置完毕后，MCU 的“Pinout View（引脚视图）”中相应的功能将被配置，如图 3-12 所示。

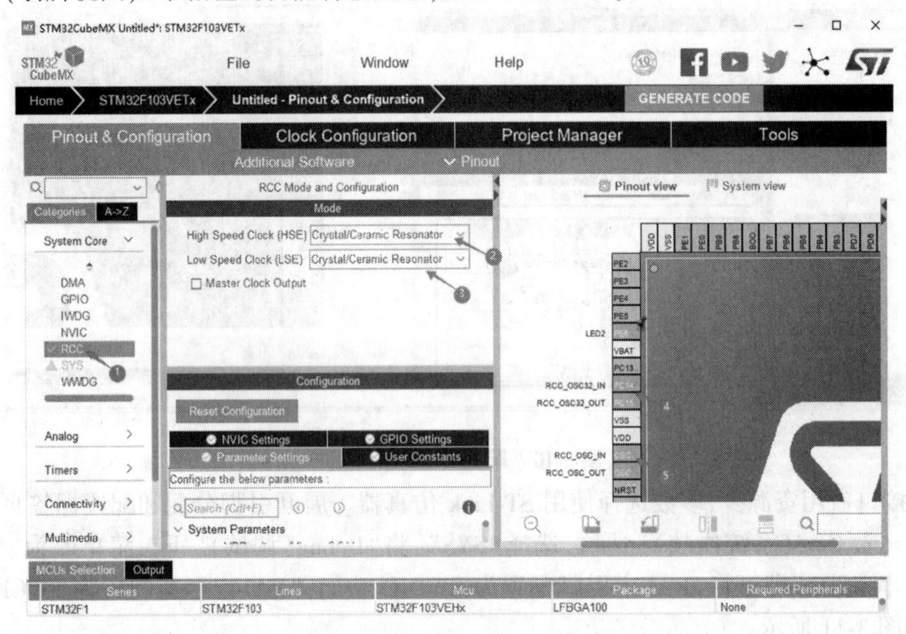

图 3-12　配置时钟源

切换到“Clock Configuration（时钟配置）”标签，进行 STM32 微控制器的时钟树配置，“PLL Source MUX（锁相环时钟源选择器）”选择为“HSE 高速外部时钟”，如图 3-13 标号①所示；“PLLMul（锁相环倍频）”配置为“9”，如图 3-13 标号②所示；“System Clock MUX（系统时钟选择器）”的时钟源选择为“PLL（锁相环）”，如图 3-13 标号③所示；“SYSCLK（系统时钟）”为 72 MHz，如图 3-13 标号④所示；配置“HCLK（高性能总线时钟）”为 72 MHz，如图 3-13 标号⑤所示；配置“Cortex System timer（Cortex 内核系统嘀嗒定时器）”的时钟源为 HCLK 的八分之一，即 9 MHz，如图 3-13 标号⑥所示；配置“低速外设总线时钟”为 HCLK 的二分频，即 36 MHz，如图 3-13 标号⑦所示；配置“高速外设总线时钟”为 HCLK 的一分频，即 72 MHz，如图 3-13 标号⑧所示。

3.2.3.6 保存 STM32CubeMX 工程

点击“File（文件）”菜单，选择“Save Project（保存工程）”选项，然后定位到我们第一步新建的文件夹的位置，点击“确定”保存 STM32CubeMX 工程，如图 3-14 所示。

3.2.3.7 生成 C 代码工程

切换到“Project Manager（工程管理）”标签，进行“C 代码工程”的配置，点击左侧“Code Generator（代码生成）”配置标签，将“STM32Cube Firmware Library Package”单选框的项改为“Copy only the necessary library files”在“Generated files”复选框中增加勾选“Generate peripheral initialization as a pair of ‘.c/.h’ files per peripheral”选项，如

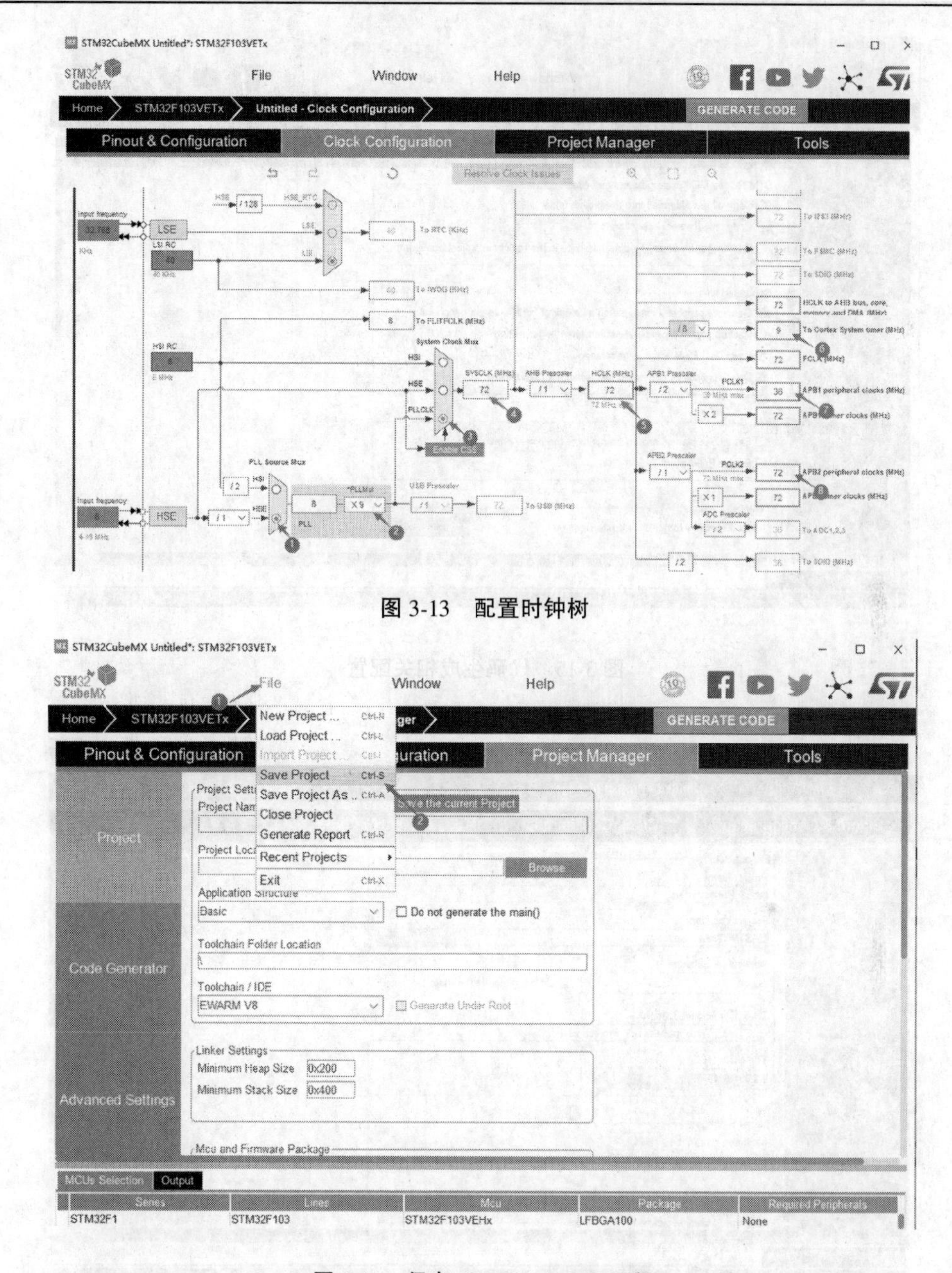

图 3-13　配置时钟树

图 3-14　保存 STM32CubeMX 工程

图 3-15 所示。

点击左侧的“Project(工程)”配置标签进行“C 代码工程”保存的相关配置。由于之前保存过 STM32CubeMX 的工程,因此“Project Name (工程名)”和“ Project Location (工程存放位置)”处的信息已填好,点击 “Toolchain /IDE ”下拉菜单选择集成开发环境为“MDK-ARM V5”。最后点击“GENERATE CODE(生成代码)”按钮即可生成相应的 C 代码工程,如图 3-16 所示。

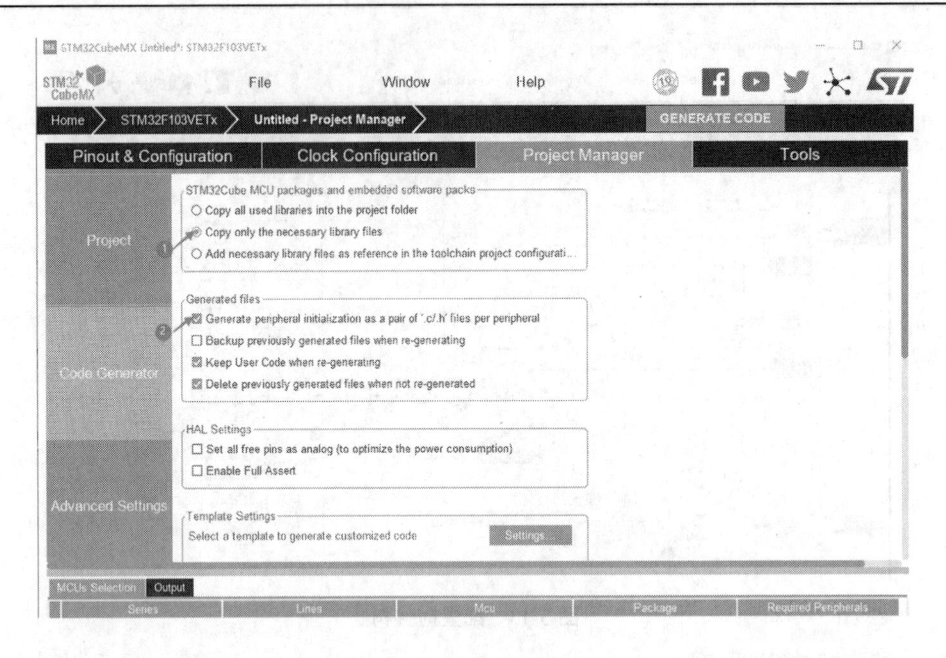

图 3-15　代码生成相关配置

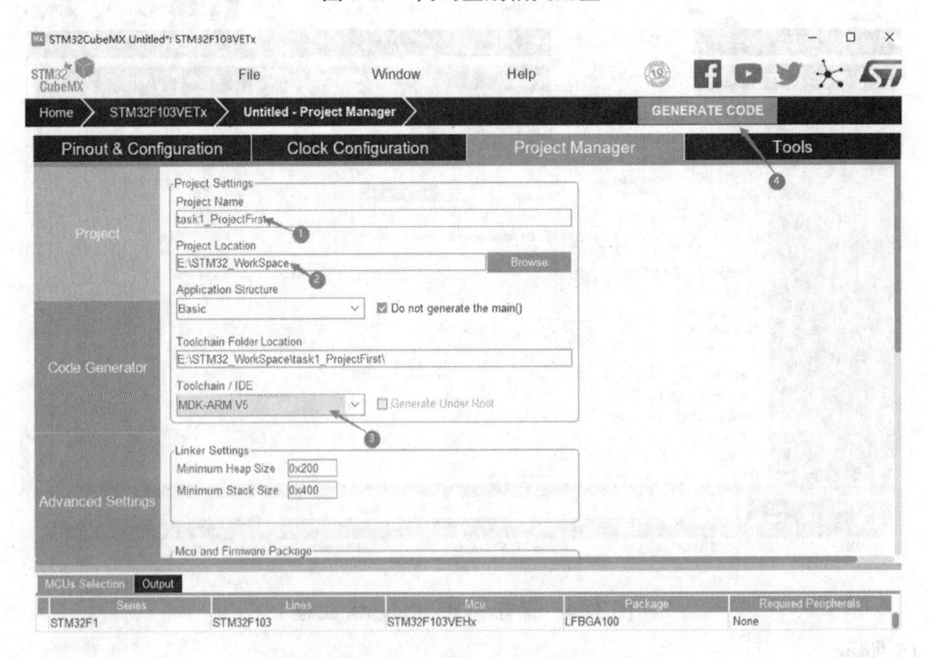

图 3-16　工程保存相关配置

生成的 C 代码工程位于工程文件夹中的“MDK-ARM”文件夹中。使用 MDK-ARM 工具打开便可完善代码、编译下载运行。注意，下载之前需要在工程配置中设置一下仿真器。

3.3　STM32 应用开发实例

➤ 任务描述

本任务要求设计一个 LED 灯光模型控制系统,该系统与上位机之间通过串行通信接口相连。上位机可发送命令对该系统进行控制,具体要求如下:

系统中有 8 个 LED 灯,分别是 LED1、LED2、LED3、…、LED8。系统上电时,8 个 LED 灯默认为熄灭状态。系统运行时,8 个 LED 灯依次点亮。

系统中 LED 灯的工作模式有两种:

(1)模式一。8 个 LED 灯依次点亮,每个 LED 灯点亮 1 s 后熄灭,然后切换为另一个,点亮顺序为 LED1、LED2、LED3、…、LED8,并以此循环往复。

(2)模式二。8 个 LED 灯依次点亮,每个 LED 灯点亮 1 s 后熄灭,然后切换为另一个,点亮顺序为 LED8、LED7、…、LED1,并以此循环往复。

上位机以串行通信的方式发送命令至该系统进行灯光工作模式的切换,命令"mode_1#"和"mode_2#"分别对应模式一和模式二的控制,命令"stop#"控制 LED 流水灯停止运行并全灭。

➤ 任务实施

(1)在系统盘之外的其他盘的根目录下新建文件夹,命名为"STM 32_WorkSpace",在"STM 32_WorkSpace"文件夹下新建文件夹"task _USART_control_LED"用于保存本任务工程。

(2)参照 3.2.3 建立工程部分的步骤,依次选择 MCU 型号、配置调试端口、时钟以及时钟树,配置"HCLK 高性能总线时钟"为 72 MHz;配置"Cortex 内核系统嘀嗒定时器"的时钟源为 HCLK 的八分之一,即 9 MHz;配置"低速外设总线时钟"为 HCLK 的二分频,即 36 MHz;配置"高速外设总线时钟"为 HCLK 的一分频,即 72 MHz。

(3)配置 GPIO。

本任务的 8 个 LED 灯分别与 PE0 至 PE7 相连。在 STM32CubeMX 工具的配置主界面,分别用鼠标左键点击 MCU 的"PE0 至 PE7"引脚,选择功能"GPIO _Output", MCU 输出低电平时 LED 灯亮,因此将 GPIO 默认的输出电平配置为"High(高电平)",GPIO 模式配置为"推挽输出",GPIO 上拉下拉功能配置为"无上拉下拉",GPIO 最大输出速度配置为"High(高速)",用户标签分别配置成"LED1-LED8"(见图 3-17)。

(4)配置 USART 外设参数。

展开"引脚分配与配置"标签页左侧的"Connectivity"选项,选择"USART 1",将 USART 1 的模式配置为"异步" 。点击"参数配置"标签,配置 USART 1 的"波特率"为 115 200 Bits/s。配置"数据方向"为"接收与发送"(见图 3-18)。

点击"NVIC Settings"标签勾选"Enabled"复选框使能"全局中断"。或者展开"引脚分配和配置"标签页左侧"系统内核"中的"NVIC",配置抢占优先级" 0",子优先级为 0(见图 3-19)。

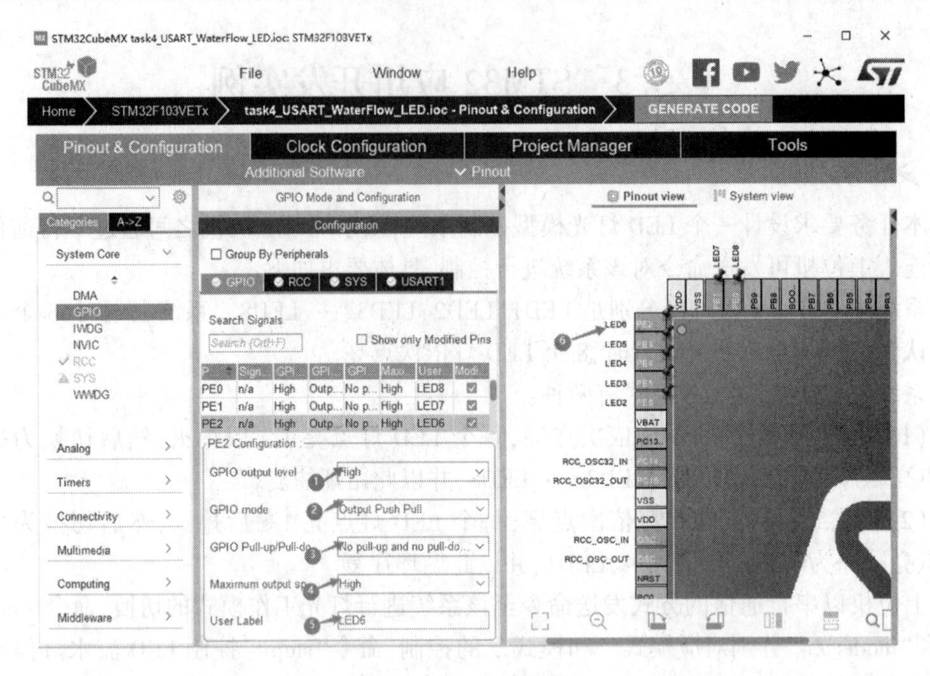

图 3-17　GPIO 配置

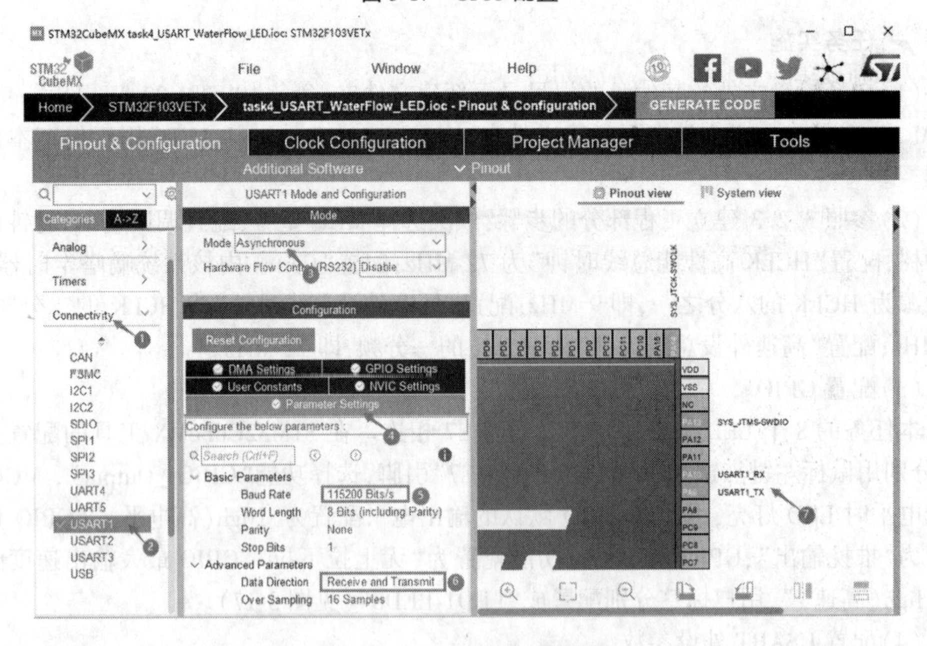

图 3-18　USART 外设参数配置

(5)保存 STM32CubeMX 工程。

点击“File(文件)”菜单,选择“Save Project(保存工程)”选项,然后定位到工程文件的目录,点击“保存”。

(6)生成 C 代码。

切换到“Project Manager(工程管理)”标签,点击左侧的“Project(工程)”配置标签,再

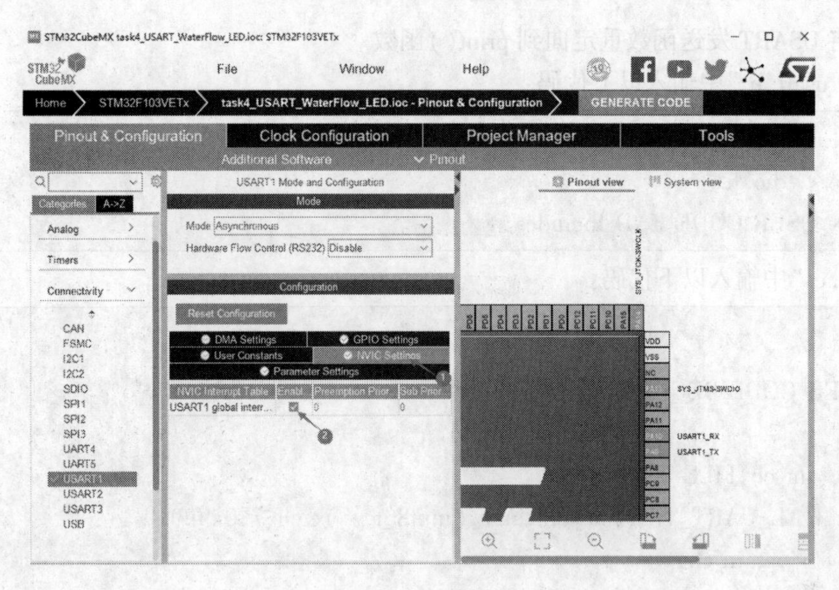

图 3-19　中断配置

次确认“Project Name(工程名)”和“ Project Location(工程存放位置)”处的信息,点击“Toolchain /IDE ”下拉菜单选择集成开发环境为“MDK-ARM V5”。点击左侧“Code Generator(代码生成)”配置标签,将默认的单选框选项改为第二项。在“Generated files”复选框中增加勾选第一项选项。最后点击“GENERATE CODE(生成代码)”按钮即可生成相应的 C 代码工程(见图 3-20)。

图 3-20　C 代码生成

(7)完善代码。

打开工程文件夹中 “MDK-ARM”文件夹里的 C 代码,完善串口通信及中断服务等代码。

①将 USART 发送函数重定向到 print( )函数。

在“ usart. h ”中输入以下代码:

```
/* USER CODE BEGIN Includes */
#include <stdio.h>
    /* USER CODE END Includes */
```

在“usart. c ”中输入以下代码:

```
/* USER CODE BEGIN 0 */

int fputc(int ch,FILE *f)
{       HAL_UART_Transmit(&huart1,(uint8_t *)&ch,1,0xffff);
            return ch;
}
/* USER CODE END 0 */
```

②修改中断服务程序。

将“stm32f1xx_it. c”文件中的断服务程序 USART1_IRQHandler( ) 中的 “HAL_UART_IRQHandler(&huart1) ”修改为“USER_UART_IRQHandler(&huart1)”:

```
void USART1_IRQHandler(void)
{
/* USER CODE BEGIN USART1_IRQn 0 */
/* USER CODE END USART1_IRQn 0 */
USER_UART_IRQHandler(&huart1);
/* USER CODE BEGIN USART1_IRQn 1 */
/* USER CODE END USART1_IRQn 1 */
}
```

③编写 USART 接收中断服务函数。

在“ main. h ”中输入以下代码:

```
/* USER CODE BEGIN EFP */
void USER_UART_IRQHandler(UART_HandleTypeDef *huart);
/* USER CODE END EFP */
```

在“ main. c ”中输入以下代码:

```
/ *  USER CODE BEGIN PV  * /
#include "string.h"
uint8_t dataBuf[128] = {0};
const char stringMode1[8] = "mode_1#";
const char stringMode2[8] = "mode_2#";
const char stringStop[8] = "stop#";
int8_t ledMode = -1;
uint16_t LED_value = 0;
uint8_t uart1RxState = 0;
uint8_t uart1RxCounter = 0;
uint8_t uart1RxBuff[128] = {0};
/ *  USER CODE END PV  * /
```

在 main.c 中编写 USER_UART_IRQHandle 的业务逻辑代码：

```
/ *  USER CODE BEGIN 4  * /
void USER_UART_IRQHandler(UART_HandleTypeDef  * huart)
{
        if((__HAL_UART_GET_FLAG(&huart1,UART_FLAG_RXNE) ! = RESET))
        {
          __HAL_UART_ENABLE_IT(&huart1,UART_IT_IDLE);
        uart1RxBuff[uart1RxCounter] = (uint8_t)(huart1.Instance->DR & (uint8_t)
0x00ff);
        uart1RxCounter++;
        __HAL_UART_CLEAR_FLAG(&huart1,UART_FLAG_RXNE);
          }
        if((__HAL_UART_GET_FLAG(&huart1,UART_FLAG_IDLE) ! = RESET))
          {
          __HAL_UART_DISABLE_IT(&huart1,UART_IT_IDLE);
          uart1RxState = 1;
          }
}
    / *  USER CODE END 4  * /
```

④编写 LED 灯光显示程序。

```
int main( void)
{
  /* USER CODE BEGIN 1 */
  /* USER CODE END 1 */
  /* MCU Configuration--------------------------------------------------------*/
  /* Reset of all peripherals, Initializes the Flash interface and the Systick. */
  HAL_Init( );
  /* USER CODE BEGIN Init */
  /* USER CODE END Init */
  /* Configure the system clock */
  SystemClock_Config( );
  /* USER CODE BEGIN SysInit */
  /* USER CODE END SysInit */
  /* Initialize all configured peripherals */
  MX_GPIO_Init( );
  MX_USART1_UART_Init( );
  /* USER CODE BEGIN 2 */
  __HAL_UART_ENABLE_IT( &huart1, UART_IT_RXNE);
  printf( "hello word. \r\n" );
  /* USER CODE END 2 */
  /* Infinite loop */
  /* USER CODE BEGIN WHILE */
  while (1)
  {
        /* USER CODE END WHILE */
                if( uart1RxState == 1)

                {
                        if( strstr( (const char * )uart1RxBuff, stringMode1)! =NULL)

                        {
                            printf( "I'm in mode_1! /r/n" );
                            ledMode = 1;
                            LED_value = 0x80;
                        }
                        else if ( strstr ( ( const char * ) uart1RxBuff, stringMode2 ) ! =
NULL)
                        {
                            printf( "I'm in mode_2! /r/n" );
                            ledMode = 2;
                            LED_value = 0x01;
```

```
                }
                else if(strstr((const char *)uart1RxBuff,stringStop)! =NULL)
                {
                    printf("I'm stop! /r/n");
                    ledMode = 0;
                    LED_value = 0;
                }
                uart1RxState = 0;
                uart1RxCounter = 0;
                memset(uart1RxBuff,0,128);
            }
            HAL_GPIO_WritePin(GPIOE,0xff,GPIO_PIN_SET);
            HAL_GPIO_WritePin(GPIOE,LED_value,GPIO_PIN_RESET);
            HAL_Delay(1000);
            switch(ledMode)
            {
                case 1:
                LED_value = LED_value>>1;
                if(LED_value==0)
                    LED_value = 0x80;
                break;
                case 2:
                    LED_value = LED_value<<1;
                    if(LED_value==0x100)
                        LED_value=0x01;
                    break;
                case 0:
                    LED_value = 0;
                    break;
            }
        /* USER CODE BEGIN 3 */
    }
        /* USER CODE END 3 */
}
```

(8)下载程序。

将 M3 主控板放置在 NEWLab 平台上，连接好 ST-Link 仿真器，打开电源开关，先点击

“编译”,编译成功没有错误再下载程序。

打开串口助手,选择正确的端口号,波特率为 115 200,输入命令“mode_1#”,可以看到 8 个 LED 灯从左到右、从上到下依次点亮;输入“mode_2# ”,8 个 LED 灯从右到左、从下到上依次点亮;输入“stop#”,LED 流水灯停止运行并全部熄灭。

小 结

本项目介绍了基于 STM32Cube 的 STM32 微控制器学习的基础知识,其中包括 STM32 的概述、硬件架构和开发环境。通过实例学习了基于 STM32CubeMX 和 HAL 库的开发环境搭建与工程建立知识,以及 STM32 微控制器最基本外设的应用开发技能。

练 习

1. 以下属于 C 语言中的分支语句的是(　　)。

A. if…else…语句　　B. for 语句

C. switch 语句　　D. while 语句

2. 以下属于串行通信接口标准的是(　　)。

A. RS-485　　B. RS-232

C. SPI　　D. Modbus

3. 如果 int a=3,b=4;则条件表达式 “a>b? 8:9”的值是(　　)。

A. 3　　B. 4

C. 8　　D. 9

4. 以下对一维数组 a 的正确定义的是(　　)。

A. char a[ ]　　B. char a(10)

C. char a[ ]={‘a’,‘b’,‘c’}　　D. char a={‘a’,‘b’,‘c’}

5. C 语言中的简单数据类型包括(　　)。

A. 整型　　B. 实型

C. 字符型　　D. 逻辑型

6. 基于 STM32CubeMX 建立工程包括哪些步骤?

项目4　有线组网通信应用开发

【学习目标】

1. 掌握总线的基础知识。
2. 掌握RS-485标准的电气特性及其与RS-422、RS-232标准的区别。
3. 了解MODBUS协议的基础知识。
4. 掌握CAN总线相关的基础知识。
5. 理解CAN控制器与CAN收发器芯片的接口方式与工作原理。
6. 掌握CAN总线通信系统的接线方式。

【案例导入】

在一个大型的智能工厂中,有大量的机器和设备需要监测和控制,我们可以使用RS-485和CAN总线来组建传感网。通过RS-485和CAN总线,可以将各种传感器模块、执行器和控制器等设备连接起来,实现数据采集和远程控制。

我们可以将多个传感器模块和执行器连接到同一条总线上。每个传感器模块和执行器都有一个唯一的地址,通过地址来进行通信。当主控制器需要读取某个传感器模块的数据时,它会向该模块发送一个读取命令,并且带上该模块的地址。传感器模块收到命令后,会将采集到的数据发送回主控制器。

通过RS-485和CAN总线的组网方式,可以实现大规模的设备连接和数据采集、控制,以及远程监测和控制。在智能工厂中,可以使用有线组网方式来实现自动化控制和异常检测,比如在生产线中检测机器的温度、振动和电流等参数,以及控制机器的启停和调节速度等操作。此外,还可以使用这种组网方式来实现数据采集和分析,比如分析生产线的效率、检测设备的健康状况等。

在本项目中,我们将详细介绍有线组网的相关基础知识,以及如何使用不同的总线协议来构建有线组网应用。

【思政导引】

通过有线组网通信技术,为社会提供更高效、可靠的通信服务,促进社会信息化进程。通过案例分析、工程实践等方式,引导学生了解有线组网通信技术在社会发展中的作用,培养学生的服务意识。

学习和掌握有线组网通信技术需要具备科学精神,即理性、批判性思维和创新意识。通过课堂讲解和任务实施操作,引导学生掌握科学精神,培养学生的理性思维和创新意识。

在有线组网通信工程中,需要具备责任担当精神,确保通信设备的安全、稳定运行,保障社会信息安全。通过项目管理等方式,培养学生责任担当精神,让学生对通信设备的安全、稳定运行有更深的认识。

4.1　任务一　仓储环境监测系统

任务描述

本任务要求搭建一个基于 RS-485 总线的仓储环境监测系统,系统构成如下:

(1)PC 机一台(作为上位机)。

(2)网关一个。

(3)RS-485 通信节点三个(一个作为主机、两个作为从机)。

(4)火焰传感器一个(安装在从机 1 上)。

(5)可燃气体传感器一个(安装在从机 2 上)。

(6)USB 转 485 调试器一个。

整个系统的拓扑图如图 4-1 所示,由两个 RS-485 网络构成,RS-485 网络 1 含一个主机节点,两个从机节点使用 MODBUS 通信协议作为应用层协议。

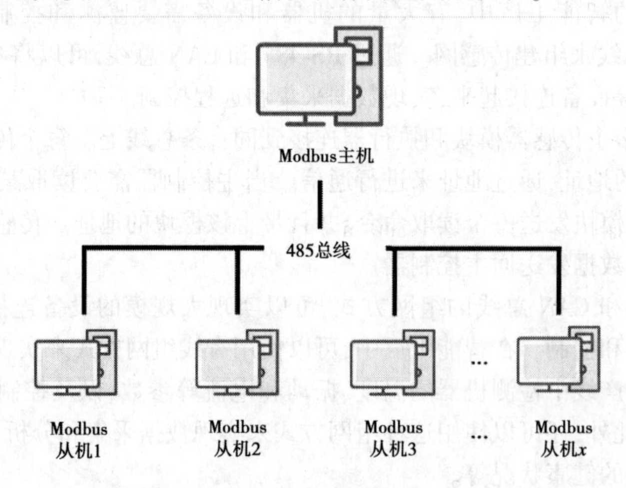

图 4-1　仓储环境监测系统拓扑图

系统的工作流程为:RS-485 网络中的主机每隔 0.5 s 发送一次查询从机传感器数据的 MODBUS 通信帧; RS-485 网络中的从机收到通信帧后,解析其内容判断是否发给自己。然后根据功能码要求采集相应的传感器数据传送至主机。

知识精讲

4.1.1　RS-485 总线与 Modbus 协议

4.1.1.1　RS-485 总线通信应用

RS-485 总线是一种串行通信协议,常用于在工业控制、自动化控制、智能家居等领域中实现有线组网。RS-485 总线具有高速传输、抗干扰性强、可靠性高等优点,因此被广泛应用。

1. 串行通信协议

串行通信协议是一种数字通信协议,用于在两个或多个设备之间传输数据。串行通信协议通过将数据按照一定的格式进行编码和解码,实现设备之间的数据交换。串行通信协议通常用于长距离通信和低速通信,相比并行通信协议,它可以节省通信线路的数量和成本。

串行通信协议的基本思想是将数据按照一定的格式进行分割,每次只发送一小段数据,然后由接收方进行接收、解码和处理。串行通信协议的传输方式分为同步传输和异步传输两种。

在同步传输中,发送方和接收方通过时钟信号进行同步,每个数据位都在时钟的节拍下传输,从而实现数据的同步传输。同步传输通常使用专用硬件进行实现,传输速率较高且传输稳定性较好,但需要使用专用的同步时钟线路。

在异步传输中,发送方和接收方不需要通过时钟信号进行同步,每个数据位之间的时间间隔是不固定的,由起始位和停止位来标识数据的开始和结束。异步传输通常使用UART(通用异步收发器)芯片进行实现,传输速率较低但易于实现。

串行通信协议常用于各种数字通信场合,例如计算机与外设之间的通信、传感器与控制器之间的通信、工业控制系统中的通信等。常见的串行通信协议有 RS-232、RS-485、I^2C、SPI、UART 等。不同的串行通信协议具有不同的特点和适用范围,需要根据实际应用场景进行选择。

2. RS-485 基础

(1)传输距离。RS-485 总线的传输距离与总线的传输速率和总线负载有关。在低速传输下,总线的传输距离可以达到 1 200 m,而在高速传输下,总线的传输距离通常不超过 100 m,因此在设计总线时需要考虑传输距离和传输速率的平衡。

(2)总线拓扑结构。RS-485 总线支持多种拓扑结构,如线性拓扑、星形拓扑、总线拓扑和混合拓扑等。线性拓扑是最简单的拓扑结构,所有节点都连接在同一条总线上;星形拓扑是将所有节点连接到中心节点上;总线拓扑是将所有节点连接在同一条总线上,并且在两端分别加上终端电阻以消除反射波;混合拓扑则是将多种拓扑结构组合使用。不同的拓扑结构适用于不同的应用场景,需要根据实际情况进行选择。

(3)端口保护。RS-485 总线的端口需要进行过电压和过流保护,以防止因异常情况导致端口损坏。过电压保护可以通过采用过压保护芯片或电源电路进行实现,过流保护可以通过加入保险丝或限流电路进行实现。

(4)通信协议。RS-485 总线通常需要配合通信协议使用,以实现节点之间的数据交换。常见的通信协议有 MODBUS、BACnet、Profibus 等,需要根据实际应用场景进行选择。

(5)总线控制方式。RS-485 总线的总线控制方式分为硬件控制和软件控制两种。硬件控制需要使用专用的控制芯片或模块进行实现,而软件控制则是通过编程实现。在硬件控制方式下,总线控制器可以直接控制总线的传输,从而实现高效的数据交换;而在软件控制方式下,总线控制需要使用 CPU 进行实现,因此会占用一定的 CPU 资源。

(6)端口驱动能力。RS-485 总线的端口驱动能力是指端口输出的电流或电压的最大值。通常情况下,RS-485 总线的端口驱动能力越大,总线传输的稳定性就越高,但同时也会增加总线功耗和成本。

(7)总线通信速率。RS-485 总线的通信速率通常是固定的,但也有一些设备支持可变速率通信。在可变速率通信中,总线控制器可以根据实际传输情况自动调整总线的传输速率,从而提高总线的传输效率。

(8)总线协议解析。RS-485总线的数据传输需要进行协议解析,以确保数据的正确性和可靠性。在解析协议时,需要考虑数据帧的格式、校验和数据类型等因素,以确保数据在传输过程中没有出现错误或丢失。

3. RS-485主从工作模式

RS-485总线支持主从工作模式,主节点控制数据传输的起始和结束,从节点响应主节点的指令并进行数据的接收和发送。主从工作模式常用于多个节点之间的数据传输和控制。其工作模式的步骤如下:

(1)主节点发送请求。主节点向总线发送请求信号,请求从节点进行数据传输或执行特定的操作。

(2)从节点响应请求。从节点接收到主节点的请求信号后,根据请求进行相应的响应,例如将数据发送给主节点或执行控制操作。

(3)主节点控制数据传输。主节点根据从节点的响应信号控制数据的传输方向和传输方式,例如从节点读取数据或向从节点发送数据。

(4)从节点接收数据。从节点接收主节点发送的数据,并进行相应的处理和操作。

(5)从节点响应结果。从节点将处理好的结果发送给主节点,以供主节点进行后续的处理和控制。

(6)主节点结束传输。主节点在数据传输结束后,向总线发送结束信号,并释放总线控制权。

(7)从节点等待下一次请求。从节点在完成数据传输后,等待主节点下一次的请求信号。

在主从工作模式中,主节点和从节点之间的数据传输通常采用特定的通信协议进行,以确保数据传输的正确性和可靠性。通信协议通常规定了数据帧的格式、数据类型、校验和等内容,以便主从节点之间进行数据交换和通信。

总体来说,主从工作模式是一种多节点通信模式,在实际应用中经常应用于工业控制、自动化控制、智能家居等领域中的多节点数据传输和控制。主节点控制总线的访问和数据传输,从节点响应主节点的指令并进行数据的接收和发送,从而实现数据的采集、传输和控制。同时,在应用主从工作模式时,需要考虑总线的长度、节点数量、传输速率等因素,以确保系统的稳定性和可靠性。

4.1.1.2　MODBUS通信协议

RS-485是美国电子工业协会(EIA)在1983年批准了一个新的平衡传输标准(balanced transmission standard),EIA一开始将RS(Recommended Standard)作为标准的前缀,不过后来为了便于识别标准的来源,已将RS改为EIA/TIA。目前标准名称为TIA-485,但工程师及应用指南仍继续使用RS-485来称呼此标准。RS-485仅是一个电气标准,描述了接口的物理层,像协议、时序、串行或并行数据以及链路全部由设计者或更高层协议定义。RS-485定义的是使用平衡(也称作差分)多点传输线的驱动器(driver)和接收器(receiver)的电气特性。

1. 基础知识

MODBUS 通信协议常用于工业控制、自动化控制、智能家居等领域中的多节点数据传输和控制，它可以通过串口通信或以太网通信进行数据传输和控制。MODBUS 协议包括三个主要部分：物理层、传输层和应用层。

(1)物理层。MODBUS 通信协议的物理层定义了数据传输的物理特性，例如电气特性、传输速率、数据帧格式等。MODBUS 通信协议支持多种物理层协议，例如 RS-232、RS-485 和以太网等。

(2)传输层。MODBUS 通信协议的传输层定义了数据在物理层上传输的方式和规则，例如串行通信时的帧同步、异步传输时的起始位、停止位等。传输层还定义了 MODBUS 通信协议的数据帧格式，包括了地址、功能码、数据域、校验和等字段。传输层还支持多种不同的传输方式，例如 RTU、ASCII 和 TCP/IP 等。

(3)应用层。MODBUS 通信协议的应用层定义了通信协议的具体功能和操作，例如读取寄存器、写入寄存器、读取线圈等。应用层还定义了一些特殊的功能码，例如广播功能码和异常响应功能码。应用层的数据域包含了具体的数据信息，例如读取的寄存器地址、数据长度等。

在 MODBUS 通信协议中，主机和从机之间的通信采用了主从工作模式，主机为请求方，从机为响应方。在同一时间里，总线上只能有一个主设备，但可以有一个或多个(最多 247 个)从设备。主机向从机发送请求，从机接收到请求后进行相应的操作并将响应结果返回给主机。通信过程中，主机和从机之间的数据交换采用了固定的数据格式和通信规则，以确保数据的正确性和可靠性。

MODBUS 通信协议的优点是通信速度快、可靠性高、易于实现和使用，并且支持多种不同的物理层和传输层协议。因此，它被广泛应用于工业控制、自动化控制、智能家居等领域中的多节点数据传输和控制。

MODBUS 协议的某些特性是固定的，如信息帧结构、帧顺序、通信错误和异常情况的处理，以及所执行的功能码等，都不能随便改动。其他特性是属于用户可选的如传输介质、波特率、字符奇偶校验、停止位个数、参数字址定义等。

2. 数据帧格式

Modbus 通信协议是全球第一个真正用于工业现场的总线协议，完全免费，用于在不同的设备之间进行数据交换和控制。MODBUS 通信协议最初由 Modicon 公司于 1979 年开发，现在已经成为工业自动化领域中最为常用的通信协议之一。Modbus 使不同厂商生产的控制设备可以连成工业网络，进行集中监控。Modbus 支持多种电气接口，如 RS-232、RS-485，还可以在各种介质上传输，如双绞线、光纤、无线等。同时，Modbus 也是应用于电子控制器上的一种通用协议，很多工业设备，包括 PCL/DCS/变频器/智能仪表等都在使用。

MODBUS 通信协议的数据帧格式如表 4-1 所示。

表 4-1　MODBUS 通信协议的数据帧格式

字段	长度/字节	描述
地址	1	从机地址,用于区分不同的从机
功能码	1	操作的功能码,用于区分不同的操作类型
数据域	变长	根据不同的功能码和操作类型而定
校验码	2	校验数据的正确性

MODBUS 通信协议的数据帧格式包含了地址、功能码、数据域和校验码四个主要字段。

(1)地址。地址字段用于区分不同的从机,主机通过地址字段向不同的从机发送请求。地址字段占用一个字节,取值范围是 1~247,其中 1~127 为标准地址,128~247 为扩展地址。

(2)功能码。功能码字段用于区分不同的操作类型,例如读取寄存器、写入寄存器、读取线圈等。功能码字段占用一个字节,取值范围是 1~255,其中 1~127 为标准功能码,128~255 为用户定义功能码。标准功能码的含义和数据域的格式已经在 MODBUS 通信协议中规定,用户定义功能码的含义和数据域的格式可以根据实际应用进行自定义。

(3)数据域。数据域字段根据不同的功能码和操作类型而定,用于传输具体的数据信息。数据域的长度可以是变长的,最大长度取决于不同的功能码和操作类型。

(4)校验码。校验码字段用于校验数据的正确性,可以是 CRC 校验码或者 LRC 校验码。CRC 校验码是针对数据域进行校验,LRC 校验码是针对整个数据帧进行校验。

在 MODBUS 通信协议中,数据帧格式的规定可以根据实际应用进行自定义。例如,对于串口通信,数据帧格式通常包括起始位、停止位和校验位等内容,以确保数据传输的正确性和可靠性。对于以太网通信,数据帧格式则采用了更为复杂的以太网帧格式。

MODBUS 通信协议提供了 ASCII 和 RTU(远程终端单元)两种通信模式:

(1)ASCII 模式的主要优点是允许字符之间的时间间隔长达 1 s,也不会出现错误。

(2)RTU 模式的优点是在相同波特率下其传输的字符的密度高于 ASCII 模式,每个信息必须连续传输。

➢ 任务实施

4.1.2　硬件搭建

按照仓储环境监测系统所示的系统拓扑图,在上位机安装“USB 转 485”调试驱动软件,分别连接三个 RS-485 节点的 485-A 与 485-B 端子,使其构成一个 RS-485 通信网络。两个 RS-485 从节点分别连接可燃气体传感器与火焰传感器,如图 4-2 所示。

4.1.3　完善工程代码

打开教材配套工程资源包里的 RS-485 从机基础工程完善下列代码。

4.1.3.1　定义 Modbus 帧与 Modbus 协议管理器的结构体

在“protocol.h”中核对下列代码:

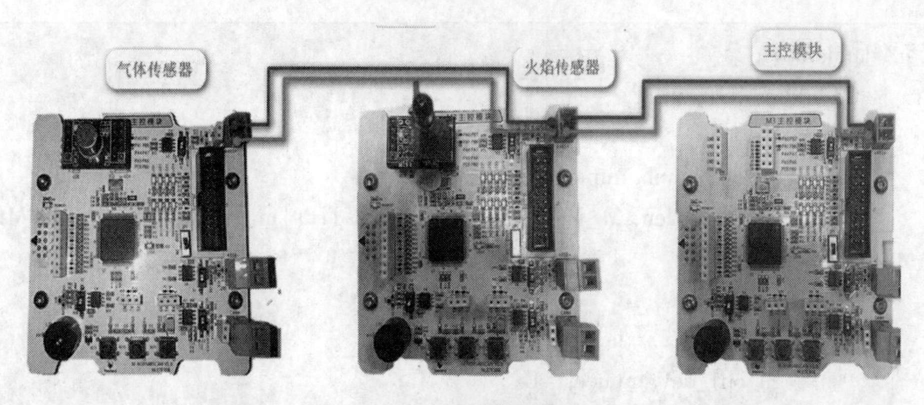

图 4-2　硬件结构图

```
//modbus 帧定义
    __packed typedef struct {
    u8 address;            //设备地址:0,广播地址:1-255
    u8 function;           //帧功能,0~255
    u8 count;              //帧编号
    u8 datalen;            //有效数据长度
    u8  * data;            //数据存储区
    u16chkval;             //校验值
    } m_frame_typedef;
    //modbus 协议管理器
    typedef   struct {
    u8 * rxbuf;            //接收缓冲区
    u16 rxlen;             //接收数据的长度
    u8 frameok;            //一帧数据接收完成标记:0,还没完成:1,完成
    u8 checkmode;          //校验模式:0,校验和;1,异或;2,CRC8;3,CRC16
    } m_protocol_dev_typedef;
```

4.1.3.2　编写 Modbus 通信帧解析函数

在“protocol. c”中输入以下代码:

```
    m_result mb_unpack_frame( m_frame_typedef  * fx)
    {
        u16 rxchkval=0;
        u16 calchkval=0;
        u8 cmd  =  0 ;
```

```
    u8 datalen=0;
        u8 address=0;
        u8 res;
        DBG_B_INFO("mb_unpack_frame");
        if(m_ctrl_dev.rxlen>M_MAX_FRAME_LENGTH||m_ctrl_dev.rxlen<M_MIN_
FRAME_LENGTH)
        {
                m_ctrl_dev.rxlen=0;
                m_ctrl_dev.frameok=0;
                return MR_FRAME_FORMAT_ERR;
        }
        datalen=m_ctrl_dev.rxlen;
        DBG_B_INFO("当前数据长度 %d",m_ctrl_dev.rxlen);
        switch(m_ctrl_dev.checkmode){
        case M_FRAME_CHECK_SUM:
                calchkval=mc_check_sum(m_ctrl_dev.rxbuf,datalen+4);
                rxchkval=m_ctrl_dev.rxbuf[datalen+4];
                break;
        case M_FRAME_CHECK_XOR:
                calchkval=mc_check_xor(m_ctrl_dev.rxbuf,datalen+4);
                rxchkval=m_ctrl_dev.rxbuf[datalen+4];
                break;
        case M_FRAME_CHECK_CRC8:              //CRC8 校验
                calchkval=mc_check_crc8(m_ctrl_dev.rxbuf,datalen+4);
                rxchkval=m_ctrl_dev.rxbuf[datalen+4];
                break;
        case M_FRAME_CHECK_CRC16:                  //CRC16 校验
                calchkval=mc_check_crc16(m_ctrl_dev.rxbuf,datalen-2);
                rxchkval=((u16)m_ctrl_dev.rxbuf[datalen-2]<<8)+m_ctrl_dev.rxbuf
[datalen-1];
                break;
        }
        DBG_B_INFO("calchkval = 0x%x、rxchkval = 0x%x、datalen = 0x%x",calch-
kval,rxchkval,datalen);
        m_ctrl_dev.rxlen=0;
        m_ctrl_dev.frameok=0;
        if(calchkval==rxchkval){                  //校验正常
```

```
        address = m_ctrl_dev. rxbuf[0];
            if (address! = SLAVE_ADDRESS) {
              return MR_FRAME_SLAVE_ADDRESS;      //帧格式错误
            }
            cmd = m_ctrl_dev. rxbuf[1];
            if ((cmd > 0x06 )||(cmd < 0x01)) {
                  return MR_FRANE_ILLEGAL_FUNCTION;      //命令帧错误
            }
            switch (cmd) {
            case 0x02:
                      res = ReadDiscRegister();
                  break;
            case 0x03:
                  res =   ReadHoldRegister();
                  if(res = =0)
                  DBG_B_INFO("ReadHoldRegister success");
                  break;
            case 0x04:
                  res = ReadInputRegister();
                      if(res = =0)
                      DBG_B_INFO("ReadInputRegister success");
                      break;
              case 0x06:
                  res =   WriteHoldRegister();
                  if(res = =0)
                  DBG_B_INFO("WriteHoldRegister success");
              break;
            }
          } else {
                return MR_FRAME_CHECK_ERR;
          }
        return MR_OK;
    }
```

4.1.3.3　编写读取传感器数据并回复响应帧的函数

在“inputregister. c”中输入以下代码：

```
u8 ReadInputRegister( void)
{
    u16 regaddress;
    u16 regcount;
    u16 * input_value_p;
    u16 iregindex;
    u8 sendbuf[20];
    u8 send_cnt=0;
    u16 calchkval=0;
    regaddress=(u16)(m_ctrl_dev.rxbuf[2]<<8);
    regaddress|=(u16)(m_ctrl_dev.rxbuf[3]);
    regcount =(u16)(m_ctrl_dev.rxbuf[4]<<8);
    regcount |= (u16)(m_ctrl_dev.rxbuf[5]);
input_value_p =inbuf;
//组建响应帧
if((1<=regcount)&&(regcount<4)) {
    if(((s32)regaddress>=0)&&(regaddress<=3)) {
        sendbuf[send_cnt]=SLAVE_ADDRESS;
        send_cnt++;
        sendbuf[send_cnt]=0x04;
        send_cnt++;
        sendbuf[send_cnt]=regcount * 2;
        send_cnt++;
        DBG_B_INFO("address : %d",sendbuf[0]);
        DBG_B_INFO("func : %d",sendbuf[1]);
        DBG_B_INFO("read cnt : %d",sendbuf[2]);
        DBG_B_INFO("regaddress : %d regcount :%d ",regaddress,regcount);
        iregindex=regaddress-0;
        while(regcount>0) {
            sendbuf[send_cnt]=(u8)(input_value_p[iregindex]>>8);
            send_cnt++;
            sendbuf[send_cnt]=(u8)(input_value_p[iregindex]& 0xFF);
            send_cnt++;
                iregindex++;
                regcount--;
        }
        switch(m_ctrl_dev.checkmode) {
```

```
            case M_FRAME_CHECK_SUM:
                calchkval = mc_check_sum(sendbuf,send_cnt);
                break;
            case M_FRAME_CHECK_XOR:
                calchkval = mc_check_xor(sendbuf,send_cnt);
                break;
            case M_FRAME_CHECK_CRC8:
                calchkval = mc_check_crc8(sendbuf,send_cnt);
                break;
            case M_FRAME_CHECK_CRC16:
                calchkval = mc_check_crc16(sendbuf,send_cnt);
                break;
            }
            if(m_ctrl_dev.checkmode = = M_FRAME_CHECK_CRC16) {
                sendbuf[send_cnt] = (calchkval>>8)&0XFF;
                send_cnt++;
                sendbuf[send_cnt] = calchkval&0XFF;
                DBG_B_INFO("crcvalue 0x%x   cnt:%d   sendbuf[crch]:0x%x
  sendbuf[crcl]:0x%x ",calchkval,send_cnt,sendbuf[send_cnt-1],sendbuf[send_
cnt]);
            }
            RS4851_Send_Buffer(sendbuf,send_cnt+1);
        }
    } else {
        return 1;
    }
    return 0;
}
```

4.1.4　节点固件下载

4.1.4.1　主控模块板设置

将 M3 主控模块板的 JP1 拨码开关拨向“boot”模式。主控模块见图 4-3。

4.1.4.2　配置串行通信与 Flash 参数

使用 ST 官方出品的 ISP(In-System Programming,在线编程)工具“Flash Download-Demostrator”进行固件的下载。

图 4-3　主控模块

4.1.4.3　选择需要下载的固件

配置好串行通信与 Flash 参数之后,还应对需要下载的固件文件进行选择。打开该工具后,需要配置串行通信口及其通信波特率,软件读到硬件设备后,选择 MCU 型号为 STM32F1_High-denity_512K,点击“Next”命令按钮如图 4-4、图 4-5 所示。

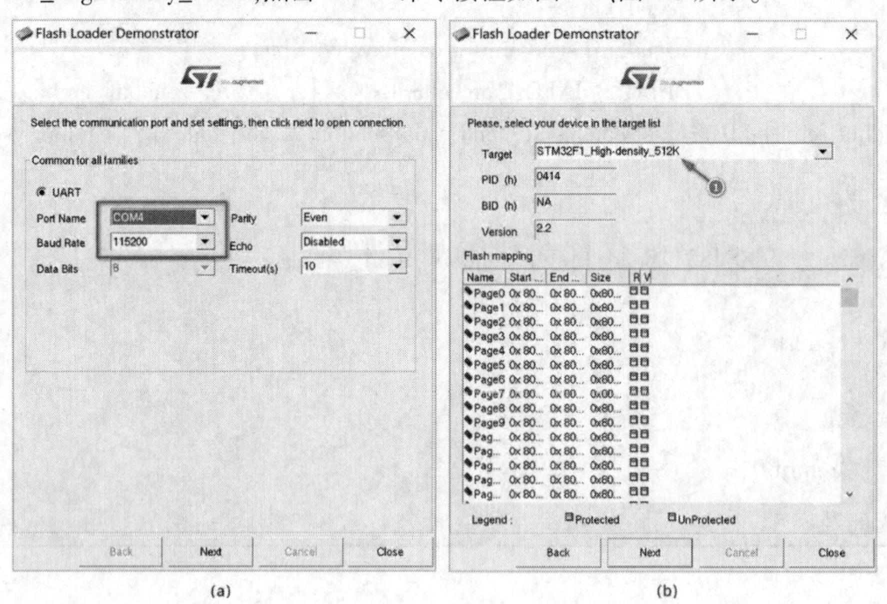

图 4-4　参数配置

三个节点的固件均按照以上步骤进行下载。

4.1.5　节点配置

使用“M3 主控模块配置工具”进行 RS-485 节点的配置,注意要先勾选“485 协议”,再打开连接。需要配置的内容有两个,一是节点地址,二是传感器类型。从机节点 1 的地址配置为“0x0001”,连接传感器类型配置为“火焰”,如图 4-6(a)所示。从机节点 2 的地

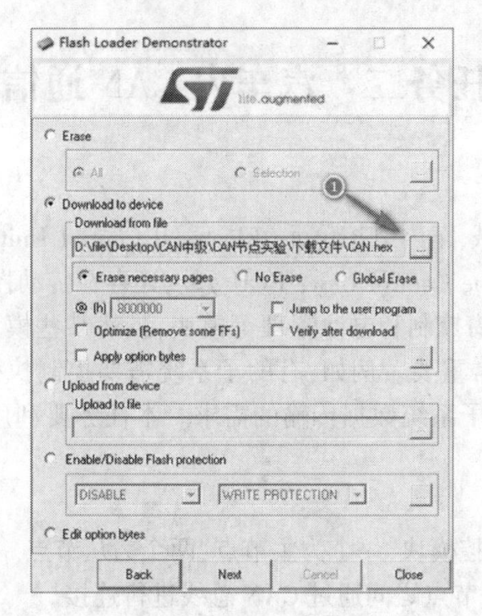

图 4-5　选择下载文件

址配置为“0x0002”,连接传感器类型配置为“可燃气体”,如图 4-6(b)所示。

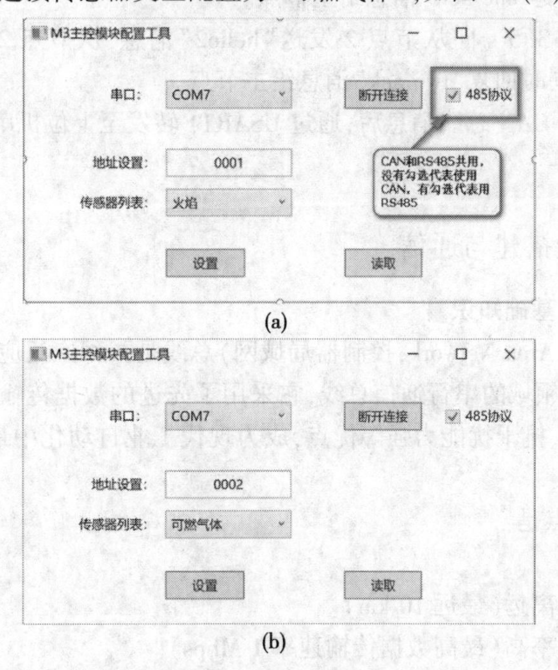

图 4-6　主控模块配置

配置完成后将 M3 主控节点的 JP1 拨向 NC 位置,复位上电运行,可在串口助手中看到采集到的传感器数据。

4.2 任务二 汽车内 CAN 通信网络搭建

➢ 任务描述

在当今汽车应用领域,车内电控单元(Electrical Control Unit, ECU)可能多达 70 个,除了引擎控制单元(Engine Control Unit, ECU)外,还存在传动控制、安全气囊、ABS、巡航控制、EPS、音响系统、门窗控制和电池管理等模块,虽然某些模块是单一的子系统,但是模块之间的互连依然非常重要。例如,有的子系统需要控制执行器和接收传感器反馈,CAN 总线可以满足这些子系统数据传输的需求。本任务要利用 MCU 与 CAN 收发器建立一个 CAN 通信网络。

具体要求如下:

(1)需要三个 M3 主控模块,一个为主节点,两个为从节点。

(2)主节点和各个从节点之间通过 CAN 总线进行连接。

(3)主节点每隔 3 s 向从节点 1 发送"hello1"消息,从节点 1 收到后翻转其上的 LED8 灯作为指示,同时回复"one ack"消息给主节点。

(4)主节点每隔 3.5 s 向从节点 2 发送"hello2"消息,从节点 2 收到后翻转其上的 LED8 灯作为指示,同时回复"two ack"消息给主节点。

(5)主节点收到 CAN 总线消息后,通过 USART1 转发至上位机串口调试助手显示。

➢ 知识精讲

4.2.1 CAN 总线搭建与通信

4.2.1.1 CAN 总线基础知识

CAN(Controller Area Network,控制器局域网)总线是一种广泛应用于工业自动化、汽车电子、航空航天等领域的串行通信总线,它采用了先进的数据传输技术和通信协议,具有速度快、可靠性高、抗干扰能力强等优点,成为现代工业自动化中最为重要的通信技术之一。

CAN 总线的优点是:

(1)多主控制。

(2)数据传输距离远(最远 10 km)。

(3)数据传输速率高(最高数据传输速率 1 Mbps)。

(4)具备优秀的仲裁机制(ID 识别)。

(5)借助遥控帧实现远程数据请求。

(6)具备错误检测与处理功能。

(7)具备数据自动重发功能。

(8)故障节点可自动脱离总线且不影响总线上其他节点的正常工作。

1. CAN 总线的发展历程

CAN 总线最初由德国 Bosch 公司于 1983 年开发,旨在为汽车电子领域提供一种高速、可靠、低成本的通信方案。随着CAN总线技术的不断发展和应用,它逐渐成为广泛应用于工业自动化、航空航天等领域的通信技术,并且得到了国际标准化组织(ISO)的认可和推广。近年来,随着物联网、工业4.0等新兴技术的发展,CAN总线在工业自动化、智能制造等领域中的应用得到了进一步扩展和深化。例如,在智能制造领域,CAN总线可以用于连接传感器、机器人、工业控制器等设备,实现智能化的工厂生产和管理。在车联网领域,CAN总线可以用于连接车载控制器、车载娱乐系统等设备,实现车辆的智能化控制和监测。

2. CAN总线的应用领域

CAN总线广泛应用于工业自动化、汽车电子、航空航天、船舶、铁路等领域中的数据通信和控制系统中。在工业自动化领域,CAN总线通常用于连接各种传感器、执行器、PLC等设备,实现数据采集、控制、监控等功能。在汽车电子领域,CAN总线通常用于连接车载控制器、传感器、执行器等设备,实现车辆的诊断、控制、安全监测等功能。在航空航天领域,CAN总线通常用于连接飞行控制系统、仪表盘、通信等设备,实现飞行控制、导航、通信等功能。除此之外,CAN总线还广泛应用于船舶、铁路等领域中的数据通信和控制系统中。

3. CAN总线的基础知识

(1)物理层。CAN总线采用差分传输技术,即使用两个信号线进行数据传输,分别为CAN_H和CAN_L,两条信号线的电位差表示数据的状态,可以有效地抵抗电磁干扰和噪声干扰,提高了通信的可靠性。CAN总线通常采用双绞线或者同轴电缆进行连接,支持最大长度为40 m的总线长度。

(2)数据链路层。CAN总线采用了一种基于帧的通信协议,数据链路层主要负责帧的传输和接收。CAN总线支持两种帧类型:数据帧和远程帧。数据帧用于传输具体的数据信息,远程帧用于请求数据信息。数据帧和远程帧的格式采用了标准化的CAN帧格式,包括帧起始标识、帧类型、帧格式、帧数据、帧校验等字段。

(3)网络层。CAN总线的网络层主要负责管理总线上的节点,包括节点的地址分配、状态监测、错误处理等功能。CAN总线采用了一种基于仲裁机制的多主控制方式,通过仲裁机制实现节点的优先级排序,从而有效地避免了冲突和数据丢失。

(4)应用层。CAN总线的应用层主要负责定义具体的通信协议和数据格式,包括数据的解析、处理和显示等功能。CAN总线应用层的通信协议和数据格式通常根据不同的应用领域和具体的应用需求进行定义和实现,例如CANopen、DeviceNet、J1939等。

4. 数据帧格式

CAN总线通信帧描画了以串行流的形式在通信信道上发送的数据的结构。CAN总线有5种类型的通信帧,如表4-2所示。

表 4-2　CAN 总线通信帧类型

序号	帧类型	帧用途
1	数据帧	用于发送单元向接收单元传送数据
2	遥控帧	用于接收单元向具有相同 ID 的发送单元请求数据
3	错误帧	用于当检测出错误时向其他单元通知错误
4	过载帧	用于接收单元通知发送单元其尚未做好接收准备
5	帧间隔	用于将数据帧及遥控帧与前面的帧分离开

CAN(Controller Area Network,控制器局域网)总线数据帧格式如表 4-3 所示。

表 4-3　CAN 总线数据帧格式

字段	长度/位	描述
帧起始标识	1	固定为 1
帧类型	1	数据帧(0)或远程帧(1)
帧格式	1	标准帧(0)或扩展帧(1)
帧长度	4	数据域的字节数
帧 ID	11 或 29	标准帧 ID 占用 11 位,扩展帧 ID 占用 29 位
帧数据	0~64	实际数据
CRC	15 或 17	帧 CRC 校验码,标准帧采用 15 位 CRC 校验,扩展帧采用 17 位 CRC 校验
帧结束标识	1	固定为 0

CAN 总线的数据帧格式包括了帧起始标识、帧类型、帧格式、帧长度、帧 ID、帧数据、CRC 校验码和帧结束标识共 8 个字段。

(1)帧起始标识。帧起始标识用于表示一个数据帧的开始,固定为 1。

(2)帧类型。帧类型用于区分数据帧和远程帧。数据帧用于传输实际的数据信息,远程帧用于请求数据信息。帧类型的取值为 0 或 1,其中 0 表示数据帧,1 表示远程帧。

(3)帧格式。帧格式用于区分标准帧和扩展帧。标准帧 ID 占用 11 位,扩展帧 ID 占用 29 位。帧格式的取值为 0 或 1,其中 0 表示标准帧,1 表示扩展帧。

(4)帧长度。帧长度用于表示帧数据域的字节数,取值范围为 0~8。

(5)帧 ID。帧 ID 用于表示数据帧的标识符,包括标准帧 ID 和扩展帧 ID。标准帧 ID 占用 11 位,扩展帧 ID 占用 29 位。

(6)帧数据。帧数据用于传输具体的数据信息,长度可以是 0~64 个字节,取决于帧长度字段的值。

(7)CRC 校验码。CRC 校验码用于检测数据传输过程中的差错和错误,以确保数据的正确性。根据帧格式的不同,CRC 校验码的长度也不同,标准帧采用 15 位 CRC 校验,扩展帧采用 17 位 CRC 校验。

(8)帧结束标识。帧结束标识用于表示一个数据帧的结束,固定为 0。

CAN 总线数据帧格式采用了基于帧的通信协议,通过帧起始标识、帧类型、帧格式、帧长度、帧 ID、帧数据、CRC 校验码和帧结束标识等字段进行数据传输和接收。在应用 CAN 总线时,需要根据实际应用场景和数据传输需求选择合适的数据帧格式,并按照协议规范进行数据交换和控制,以确保数据的正确性和可靠性。

4.2.1.2　CAN 控制器和收发器

CAN 控制器和收发器的作用是确保 CAN 总线上的数据能够有效的传输和处理,使得多个设备可以在同一总线上进行通信。在 CAN 系统中,控制器和收发器是必不可少的组件。

CAN 控制器用于实现 CAN 总线的协议底层以及数据链路层,用于生成 CAN 帧并以二进制码流的方式发送,在此过程中进行填充、添加 CRC 校验、应答检测等操作。将接收到的二进制码流进行解析并接收,在此过程中进行收发比对、去位填充、执行 CRC 校验等操作。此外,还需要进行冲突判断、错误处理等诸多任务。

CAN 收发器(也称为驱动器)是 CAN 总线的物理层,用于将二进制码流转换为差分信号发送,将差分信号转换为二进制码流接收。

1. CAN 控制器

1)组成

CAN 控制器用于控制 CAN 总线上的通信。它处理 CAN 总线上的数据传输,并允许多个设备在同一总线上进行通信。CAN 控制器通常包含以下组件:

(1)CAN 收发器接口。用于与 CAN 总线连接。

(2)控制逻辑。用于控制数据传输和错误处理。

(3)数据缓冲区。用于存储发送和接收的数据。

2)工作原理

(1)发送数据。当控制器要发送数据时,它将数据写入发送缓冲区。然后,控制器检查总线是否正在使用中。如果总线空闲,控制器将发送数据帧,并在数据帧中包含控制信息和数据。如果总线正在使用中,控制器将等待一段时间,然后尝试再次发送数据。

(2)接收数据。当控制器要接收数据时,它将监听总线上的数据帧。当一个数据帧出现在总线上时,控制器将读取数据帧,并从数据帧中提取控制信息和数据。然后,控制器将数据存储在接收缓冲区中。

(3)错误处理。当控制器接收到错误的数据帧或发生其他错误时,它会执行错误处理程序。错误处理程序可能包括重新发送数据、重置控制器或报告错误。

2. CAN 收发器

1)组成

CAN 收发器用于在 CAN 总线和主机控制器之间进行数据交换。它充当 CAN 总线的物理接口,负责将控制器发送的数字信号转换为 CAN 总线上的物理信号,并将 CAN 总线上的物理信号转换为数字信号发送到控制器。CAN 收发器通常包含以下组件:

(1)收发器芯片。用于将数字信号转换为 CAN 总线上的物理信号,以及将 CAN 总线上的物理信号转换为数字信号。

(2)滤波器。用于过滤 CAN 总线上的数据,以便只传输与设备相关的数据。

(3)发送/接收缓冲区。用于存储发送和接收的数据。

2)工作原理

(1)发送数据。当控制器要发送数据时,它将数据写入到 CAN 控制器的发送缓冲区。CAN 控制器将发送请求发送到 CAN 收发器。如果 CAN 总线上没有其他设备正在发送数据,CAN 收发器将数据转换为 CAN 总线上的物理信号,以便其他设备可以接收数据。

(2)接收数据。当 CAN 总线上的设备要发送数据时,CAN 收发器将接收 CAN 总线上的物理信号,并将其转换为数字信号。然后,CAN 收发器将数字信号发送到 CAN 控制器的接收缓冲区中,以供 CAN 控制器处理。

(3)滤波器。CAN 收发器通常包含一个滤波器,用于过滤 CAN 总线上的数据,以便只传输与设备相关的数据。滤波器可以配置为接受特定标识符的数据帧,或者过滤掉不需要的数据帧。

CAN 控制器和收发器协同工作,使得多个设备可以在同一总线上进行通信。CAN 总线上的数据传输需要经过 CAN 控制器的控制和 CAN 收发器的物理转换才能完成。控制器和收发器之间的通信通过 CAN 总线上的数据帧实现。控制器发送数据帧时,收发器将数据转换为物理信号发送到总线上;当收发器接收到总线上的数据帧时,它将物理信号转换为数字信号,并将数据发送到控制器的接收缓冲区中。滤波器可以使 CAN 系统只传输与设备相关的数据,提高数据传输的效率。如果发生错误,控制器和收发器会执行错误处理程序以确保数据传输的可靠性。

➢ 任务实施

4.2.2　工程建立

打开 STM32CubeMX 软件,按照项目 3 中 3.2.3 小节中任务实施过程的方法和步骤,进行工程的建立及外设、GPIO、USART1、时钟、调试端口的配置。针对本任务,在配置时需要注意:USART1 的波特率为 115 200 bit/s,使能全局中断;配置 PE0 引脚为推挽输出,默认输出高电平 LED 灯灭,“User Label”配置为“LED8”。

需要增加以下配置:

(1)配置 bxCAN 参数(见图 4-7)。

(2)使能 bxCAN 和 UAART 相关中断(见图 4-8)。

工程参数的配置及生成 C 代码同样参照项目 3 中的任务进行。

4.2.3　添加 CAN 通信代码包

复制 CAN 通信代码的文件夹“userCAN”至“task1_can-networking”文件夹下。在工程中建立“userCAN”组,将“user_can.c”文件加入组中。最后将“userCAN”文件夹加入头文件“Include Paths”中,如图 4-9 所示。

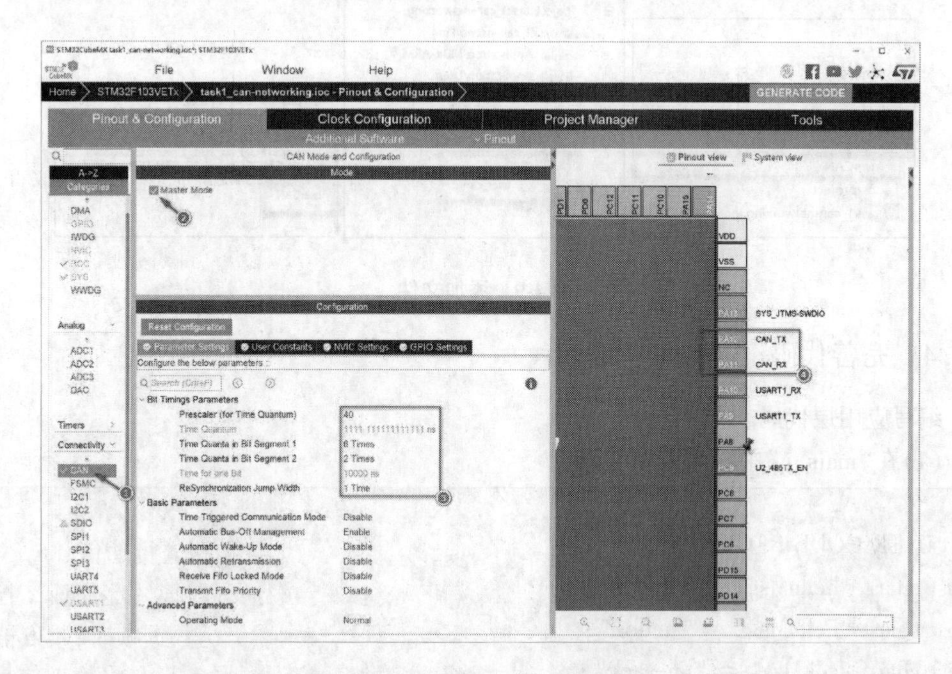

图 4-7　配置 bxCAN 参数

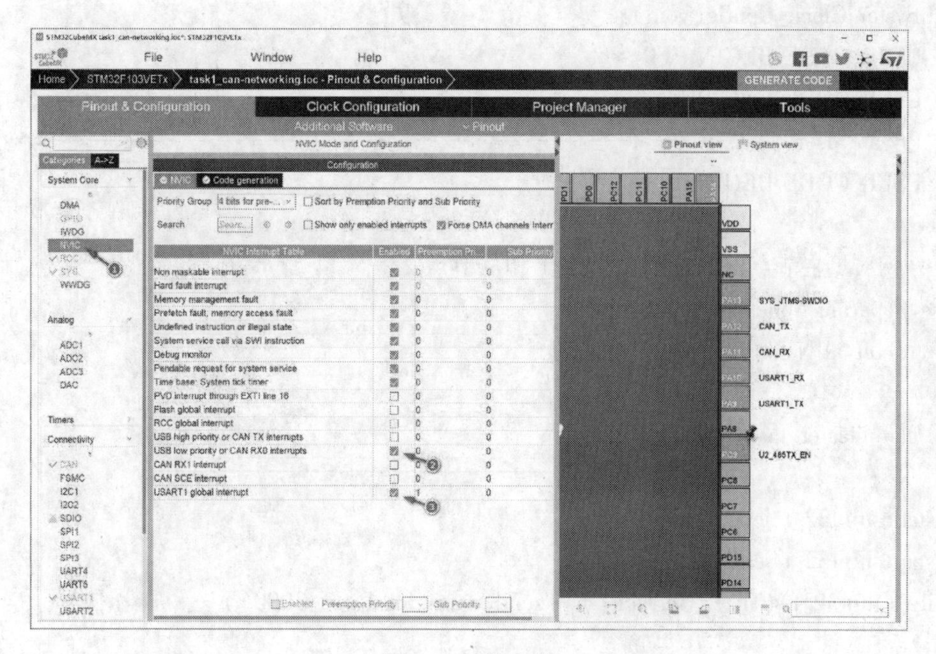

图 4-8　中断使能

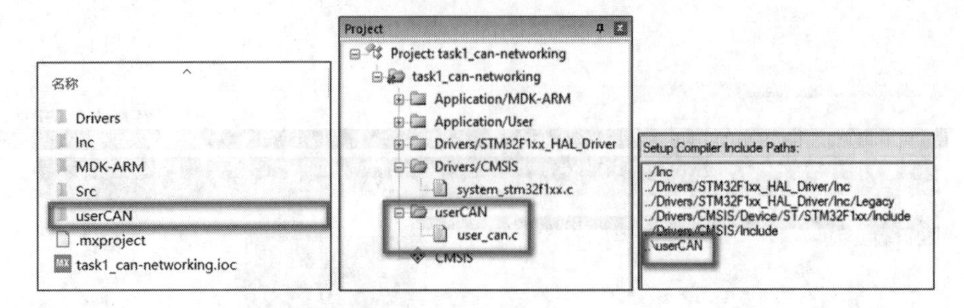

图 4-9 添加文件

4.2.4 完善代码

编写应用层代码。

(1)在“main. c”中输入以下代码。

```
/* USER CODE BEGIN PV */
const char *helloMsg1 = "hello1";
const char *helloMsg2 = "hello2";
const char *ackMsg1 = "one ack";
const char *ackMsg2 = "two ack";
/* USER CODE END PV */
void SystemClock_Config(void);
/* USER CODE BEGIN PFP */
/* USER CODE END PFP */
/* Private user code ---------------------------------------------------------*/
/* USER CODE BEGIN 0 */
/**
  * @brief 主节点发消息给从节点 1 和从节点 2
  * @param None
  * @retval None
  */
void can_master_task(void)
{
  static uint32_t send_data_time1;
  static uint32_t send_data_time2;
  if ((uint32_t)(HAL_GetTick() - send_data_time1 >= 3000))
  {
    send_data_time1 = HAL_GetTick();
```

```
        Can_Send_Msg(0x12, (uint8_t *)helloMsg1, strlen(helloMsg1));
    }
    if ((uint32_t)(HAL_GetTick() - send_data_time2 >= 3500))
    {
        send_data_time2 = HAL_GetTick();
        Can_Send_Msg(0x12, (uint8_t *)helloMsg2, strlen(helloMsg2));
    }
}
/* USER CODE END 0 */
/**
  * @brief The application entry point.
  * @retval int
  */
int main(void)
{
  /* USER CODE BEGIN 1 */
  /* USER CODE END 1 */
  /* MCU Configuration----------------------------------------*/
  /* Reset of all peripherals, Initializes the Flash interface and theSystick. */
  HAL_Init();
  /* USER CODE BEGIN Init */
  /* USER CODE END Init */
  /* Configure the system clock */
  SystemClock_Config();
  /* USER CODE BEGIN SysInit */
  /* USER CODE END SysInit */
  /* Initialize all configured peripherals */
  MX_GPIO_Init();
  MX_USART1_UART_Init();
  MX_CAN_Init();
  /* USER CODE BEGIN 2 */
  CAN_User_Config(&hcan); //配置 CAN 通信参数并启动 CAN 控制器
  /* USER CODE END 2 */
  /* Infinite loop */
  /* USER CODE BEGIN WHILE */
  while (1)
  {
```

```
    /* USER CODE END WHILE */
    /* USER CODE BEGIN 3 */
#if DEV_MASTER
    can_master_task(); //CAN 主节点轮询
    if (rx_done_flag == 1)
    {
      rx_done_flag = 0;
      printf("%s\n", can_rx_data);
      memset(can_rx_data, 0, 8);
    }
#elif DEV_SLAVE1
    if (rx_done_flag == 1)
    {
      rx_done_flag = 0;
      if (strstr((const char *)can_rx_data, helloMsg1) != NULL)
      {
        HAL_GPIO_TogglePin(LED8_GPIO_Port, LED8_Pin);
        Can_Send_Msg(0x12, (uint8_t *)ackMsg1, strlen(ackMsg1));
      }
    }
#elif DEV_SLAVE2
    if (rx_done_flag == 1)
    {
      rx_done_flag = 0;
      if (strstr((const char *)can_rx_data, helloMsg2) != NULL)
      {
        HAL_GPIO_TogglePin(LED8_GPIO_Port, LED8_Pin);
        Can_Send_Msg(0x12, (uint8_t *)ackMsg2, strlen(ackMsg1));
      }
    }
#endif
  }
  /* USER CODE END 3 */
}
```

(2)在“main. h”中输入以下代码。

```
/* USER CODE BEGIN Includes */
#include "user_can. h"
#include <stdio. h>
#include <string. h>
/* USER CODE END Includes */
/* USER CODE BEGIN ET */
/* USER CODE END ET */
/* USER CODE BEGIN EC */
/* USER CODE END EC */
/* USER CODE BEGIN EM */
#define DEV_MASTER 0    //预编译宏,主节点
#define DEV_SLAVE1  0   //预编译宏,主节点 1
#define DEV_SLAVE2  1   //预编译宏,主节点 2
/* USER CODE END EM */
```

4.2.5　编译下载程序

在代码中:

```
/* USER CODE BEGIN EM */
#define DEV_MASTER 0    //预编译宏,主节点
#define DEV_SLAVE1  0   //预编译宏,主节点 1
#define DEV_SLAVE2  1   //预编译宏,主节点 2
/* USER CODE END EM */
```

用于预编译,分别对应三个 CAN 节点。在编译下载时,需要下载某个节点的程序时,只需将相应的预编译宏定义为“1”,其他两个节点改为“0”。编译无误,连接好 ST-Link 仿真器即可下载程序到 M3 主控模块,也可以选择串口方式进行下载。

4.2.6　搭建硬件

选三个 M3 主控模块,放置在 NEWLab 实验平台上,用杜邦线将三个模块的 CAN 通信端子并联,即所有的“CANH”端子相连,所有的“CANL”端子相连(见图 4-10)。

4.2.7　结果验证

打开电脑上的串口调试工具,选择正确的端口号和波特率,将 NEWLab 实验平台上电,可以观察到如图 4-11 所示现象。

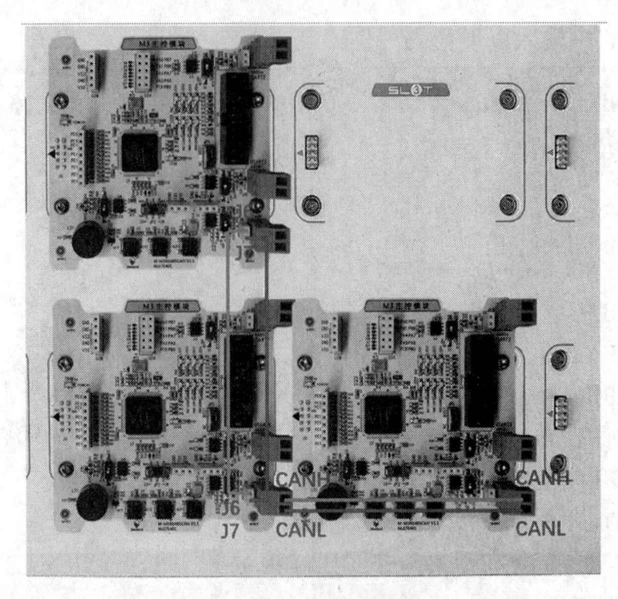

图 4-10　硬件连接图

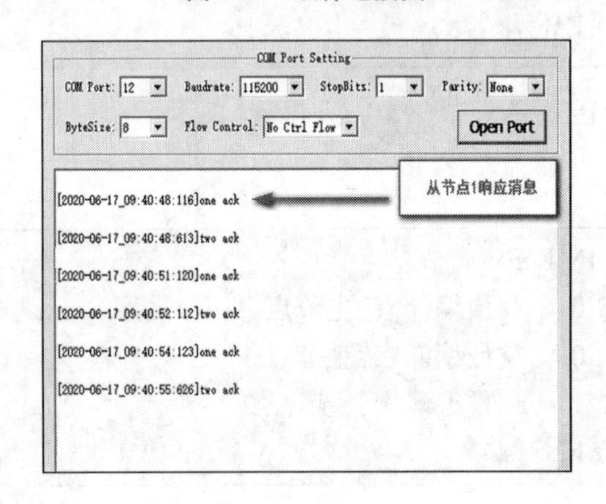

图 4-11　运行结果

小　结

本项目讲解的有线组网技术提供了一种可靠的数据通信方式,适用于工业自动化、智能仓储、智能家居等物联网领域。RS-485 协议和 MODBUS 协议是常用的有线通信协议,可以支持多设备之间的通信和数据传输。CAN 总线是一种高效、实时性能好的通信协议,适用于需要多设备同时进行通信的场景。CAN 控制器和收发器是 CAN 总线系统中必不可少的组件,它们负责控制和物理转换数据信号,确保数据能够有效地传输和处理,同时提高了数据传输的可靠性和实时性。在实际应用中,有线组网技术可以与各种传感器、执行器、控制器和其他设备结合使用,实现自动化控制、数据采集、状态监测等功能,具有广泛的应用前景和市场需求。

练 习

1. 全球第一个真正用于工业现场的总线协议是(   )。

A. RS-485　　B. Modbus　　C. CAN　　D. USB

2. Modbus 消息帧中地址(   )作为广播地址使用。

A. 0　　B. 1　　C. 247　　D. 255

3. 高速 CAN 总线支持的最高传输速率为(   )。

A. 56 kbps　　B. 125 kbps　　C. 1 Mbps　　D. 10 Mbps

4. CAN 通信中,接收单元向具有相同 ID 的发送单元请求数据时,使用的是(   )。

A. 数据帧　　B. 遥控帧　　C. 错误帧　　D. 过载帧

5. Modbus 总线上最多可以有(   )个从设备。

A. 1　　B. 128　　C. 247　　D. 256

6. (   )总线通常用于汽车内部控制系统的监测与执行机构间的数据通信。

A. Modbus　　B. CAN　　C. IIC　　D. RS-485

7. (   )是一种实现"报文"与"符合 CAN 规范的通信帧"之间相互转换的器件。

A. CAN 收发器　　B. CAN 控制器　　C. MCU　　D. 终端匹配电阻

项目 5　短距无线通信应用开发

【学习目标】

1. 了解 BasicRF Layer 工作机制。
2. 掌握基于无线射频通信技术的点对点通信开发。
3. 能熟练搭建开发环境并使用仿真器进行调试下载。
4. 了解 Wi-Fi 技术。
5. 掌握 ESP8266Wi-Fi 工作模式。
6. 掌握 ESP8266Wi-Fi 通信模块 AT 指令。

【案例导入】

在智能家居中，我们可以安装多个温度传感器在不同的房间，通过 BasicRF 将它们连接起来。当用户需要监测某个房间的温度时，可以通过智能手机或电脑终端设备连接到 Wi-Fi 网络，并远程访问传感器的数据，也可以通过智能手机或电脑终端设备发送控制命令到该房间的执行器，实现自动化控制。

此外，我们也可以通过 BasicRF 和 Wi-Fi 的短距无线通信组网方式，实现家庭各种设备的连接、数据采集和远程控制。比如根据温度传感器的数据自动调节空调温度、根据智能插座的使用情况自动调节电力消耗等操作。还可以使用这种组网方式来实现数据采集和分析，比如分析家庭能耗情况、检测设备的健康状况等。

需要注意的是，由于 BasicRF 的通信距离较短，所以在智能家居系统中需要考虑传感器和执行器之间的距离和通信质量，以避免通信中断和数据丢失的问题。同时，由于 Wi-Fi 信号的干扰和穿透性较强，需要注意数据的安全性和稳定性，并采取相应的安全措施，以防止数据泄露和受到攻击。

在本项目中，我们将详细介绍 BasicRF 和 Wi-Fi 通信组网的基础知识，以及如何使用不同的短距无线通信协议来构建无线传感网。

【思政导引】

短距无线通信技术的发展需要持续的科技创新和创造，学生需要具备创新创造的意识和能力。通过课堂讲解和案例分析，引导学生了解短距无线通信技术的创新历程、现状和未来发展趋势，培养学生的创新创造意识和能力。

在推广和应用短距无线通信技术时，需要考虑其对社会的影响，学生需要具备社会责任感。通过讨论和分析，引导学生了解短距无线通信技术对社会的影响和责任，培养学生社会责任感。

5.1　任务一　无线电器控制

➤ 任务描述

在家居环境中，我们希望可以通过无线的方式知晓家中各个房间的电器运行情况并

对其进行控制。本任务要设计一个智能家居环境中的无线电器控制系统,在该系统中,以灯泡模块来代替各种电器,具体要求如下:

(1)照明节点与中控节点之间通过 BasicRF 无线通信技术进行连接。

(2)照明节点每隔 0.5 s 将灯的亮灭情况上报给控制节点。

(3)用户使用中控节点上的按键 1 可远程控制照明节点上灯的状态翻转。

(4)中控节点使用本地的 LED 灯来指示照明节点上灯的亮灭情况,即远程照明灯亮,则本地 LED 灯亮,反之亦然。

系统构成如下:

(1)ZigBee 模块(白 PCB)1 块。

(2)ZigBee 模块(黑 PCB)1 块。

(3)CC Debugger 程序下载调试器。

(4)继电器模块 1 块。

(5)LED 灯泡模块 1 块。

➢ **知识精讲**

5.1.1　ZigBee 无线射频通信

BasicRF 基础知识包括以下几点:

1. BasicRF 简介

BasicRF 是一种无线射频通信技术,常用于低功耗、低速率、低成本的无线通信场景,如无线传感器网络、智能家居和工业自动化等领域。其特点如下:

(1)工作频率。BasicRF 的工作频率一般在 315 MHz、433 MHz、915 MHz 等频段,可以支持不同的无线应用场景。

(2)通信距离。BasicRF 的通信距离一般在 10~100 m,可以满足低距离无线通信的需求。

(3)数据速率。BasicRF 的数据传输速率一般在 10~100 kbps,可以满足低速率无线通信的要求。

(4)通信协议。BasicRF 通常使用 SPI 接口进行通信,支持多种通信协议,如 Manchester 编码、OOK 调制等,可以适应不同的通信需求。

(5)功耗管理。BasicRF 芯片采用低功耗设计,可以实现长期的无线通信,适用于电池供电的无线传感器网络。

(6)网络容量。BasicRF 支持多节点通信,可以实现点对点通信和广播通信,适用于不同规模的无线通信场景。

(7)安全性能。BasicRF 支持数据加密和认证协议,可以保障数据的安全性和完整性。

BasicRF 包括了 IEEE 802.15.4 标准数据包的发送和接收,采用了与 IEEE 802.15.4 MAC 兼容的数据包结构和 ACK 结构。在使用中,有如下的功能限制:

(1)不具备“多跳”“设备扫描”功能。

(2)不提供多种网络设备,如协调器、路由器等。所有的节点为同一等级,只能实现点对点的数据传输。

(3)传输时会等待信道空闲,但不会按照 IEEE 802.15.4 CSMA-CA 的要求进行两次 CCA 检测。

(4)不支持数据重传。

2. BasicRF 软件包

BasicRF 软件包是一种支持 BasicRF 无线射频通信芯片的软件开发包,可以帮助开发人员快速开发和部署无线射频通信应用程序。BasicRF 软件包通常包括以下组件:

(1)驱动程序。BasicRF 软件包提供了与 BasicRF 芯片通信的驱动程序,可以实现数据读写、寄存器配置和频道选择等功能。

(2)库文件。BasicRF 软件包提供了基础库文件,包括通信协议、数据包格式、编解码器等,可以帮助开发人员快速实现无线射频通信应用程序。

(3)示例程序。BasicRF 软件包提供了示例程序,演示如何使用 BasicRF 芯片实现无线射频通信应用程序,可以帮助开发人员快速入门。

(4)文档资料。BasicRF 软件包提供了开发文档、用户手册、参考资料等,帮助开发人员理解 BasicRF 芯片的工作原理、编程接口和使用方法。

3. BasicRF 关键函数

BasicRF 关键函数包括:

(1)初始化函数。用于初始化 BasicRF 芯片,包括寄存器配置、频道选择、功率控制等。

(2)发送函数。用于把数据发送到目标节点,包括数据缓存、数据编码、调制等。

(3)接收函数。用于接收从其他节点发送过来的数据,包括解调、解码、数据缓存等。

(4)中断处理函数。用于处理 BasicRF 芯片产生的中断信号,包括数据接收中断、发送完成中断等。

(5)状态查询函数。用于查询 BasicRF 芯片的状态,包括发送状态、接收状态、信道状况等。

(6)电源管理函数。用于管理 BasicRF 芯片的电源,包括开关机、睡眠模式、唤醒等功能。

(7)安全控制函数。用于控制 BasicRF 芯片的安全性,包括数据加密、认证协议等。

这些关键函数可以通过 BasicRF 软件包提供的编程接口进行调用和使用。具体来说,开发人员可以通过初始化函数对 BasicRF 芯片进行初始化配置,通过发送函数将数据发送到目标节点,通过接收函数接收其他节点发送过来的数据,并通过中断处理函数处理 BasicRF 芯片产生的中断信号,还可以通过状态查询函数、电源管理函数和安全控制函数等实现对 BasicRF 芯片的状态查询、电源管理和安全控制等功能。

4. ZigBee 无线射频通信

ZigBee 技术是一种应用于短距离和低速率下的无线通信技术,ZigBee 过去又称为"HomeRF Lite"和"FireFly"技术,统一称为 ZigBee 技术。主要用于距离短、功耗低且传输速率不高的各种电子设备之间进行数据传输以及典型的有周期性数据、间歇性数据和低反应时间数据传输的应用。

ZigBee 是一种高可靠的无线数传网络,类似于 CDMA 和 GSM 网络。ZigBee 数传模块类似于移动网络基站。通信距离从标准的 75 m 到几百米、几公里,并且支持无限扩展。ZigBee 是一个由可多到 65 535 个无线数传模块组成的无线数传网络平台,在整个网络范围内,每一个 ZigBee 网络数传模块之间可以相互通信,每个网络节点间的距离可以从标准的 75 m 无限扩展。与移动通信的 CDMA 网或 GSM 网不同的是,ZigBee 网络主要是为工业现场自动化控制数据传输而建立,因而它必须具有简单、使用方便、工作可靠、价格低的特点。

每个 ZigBee 网络节点不仅本身可以作为监控对象,例如其所连接的传感器直接进行数据采集和监控,还可以自动中转别的网络节点传过来的数据资料。除此之外,每一个 ZigBee 网络节点(FFD)还可在自己信号覆盖的范围内和多个不承担网络信息中转任务的孤立的子节点(RFD)无线连接。

ZigBee 具有如下特点:

(1)低功耗。由于 ZigBee 的传输速率低,发射功率仅为 1 mW,而且采用了休眠模式,功耗低,因此 ZigBee 设备非常省电。据估算,ZigBee 设备仅靠两节 5 号电池就可以维持长达 6 个月到 2 年左右的使用时间,这是其他无线设备望尘莫及的。

(2)成本低。ZigBee 模块的初始成本在 6 美元左右,估计很快就能降到 1.5~2.5 美元, 并且 ZigBee 协议是免专利费的。低成本对于 ZigBee 也是一个关键的因素。

(3)时延短。通信时延和从休眠状态激活的时延都非常短,典型的搜索设备时延 30 ms,休眠激活的时延是 15 ms,活动设备信道接入的时延为 15 ms。因此,ZigBee 技术适用于对时延要求苛刻的无线控制(如工业控制场合)应用。

(4)网络容量大。一个星形结构的 ZigBee 网络最多可以容纳 254 个从设备和一个主设备, 一个区域内最多可以同时存在 100 个 ZigBee 网络, 而且网络组成灵活。

(5)可靠。采取了碰撞避免策略,同时为需要固定带宽的通信业务预留了专用时隙,避开了发送数据的竞争和冲突。MAC 层采用了完全确认的数据传输模式, 每个发送的数据包都必须等待接收方的确认信息。如果传输过程中出现问题可以进行重发。

(6)安全。ZigBee 提供了基于循环冗余校验(CRC)的数据包完整性检查功能,支持鉴权和认证,采用了 AES-128 的加密算法,各个应用可以灵活确定其安全属性。

5. BasicRF 和 ZigBee

BasicRF 和 ZigBee 是两种不同的无线射频通信技术,它们在工作频率、数据速率、通信协议、网络容量和安全性能等方面存在一定的差异,但它们也存在一些联系。

(1)BasicRF 可以作为 ZigBee 的物理层(PHY)。在 ZigBee 通信协议中,BasicRF 可以作为其物理层,提供无线射频通信的基本功能,如发送和接收无线信号等。

(2)BasicRF 可以作为 ZigBee 的备选方案。在一些低成本、低功耗的无线通信场景中,BasicRF 可以作为 ZigBee 的备选方案,以实现相对简单的无线通信需求。

(3)ZigBee 可以使用 BasicRF 芯片。ZigBee 通信协议也可以使用 BasicRF 芯片进行实现,这样可以满足一些低功耗、低速率、低成本的无线通信场景的需求。

➢ 任务实施

微课 5-1　开发环境搭建及创建工程

5.1.2　开发环境搭建及创建工程

5.1.2.1　IAR Embedded Workbench 的安装

根据需要在官网下载 IAR Embedded Workbench 相应版本的软件，双击运行，在弹出的对话框中选择并点击 Next，如图 5-1 所示。

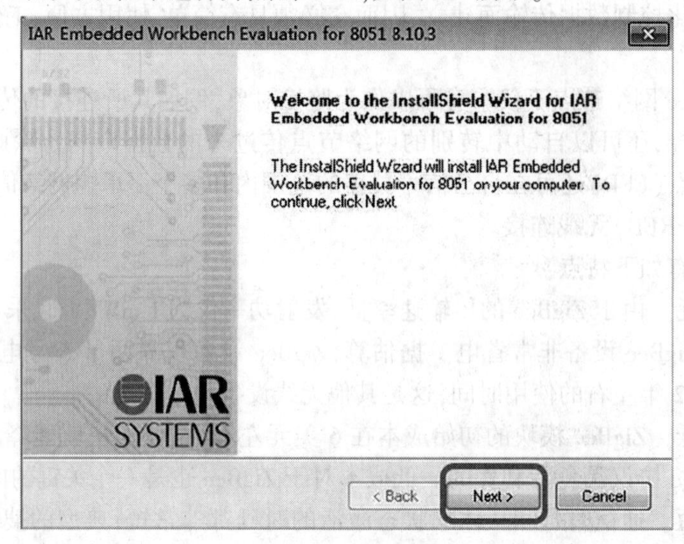

图 5-1　欢迎界面

在弹出的对话框中选择并点击 Next，如图 5-2 所示。

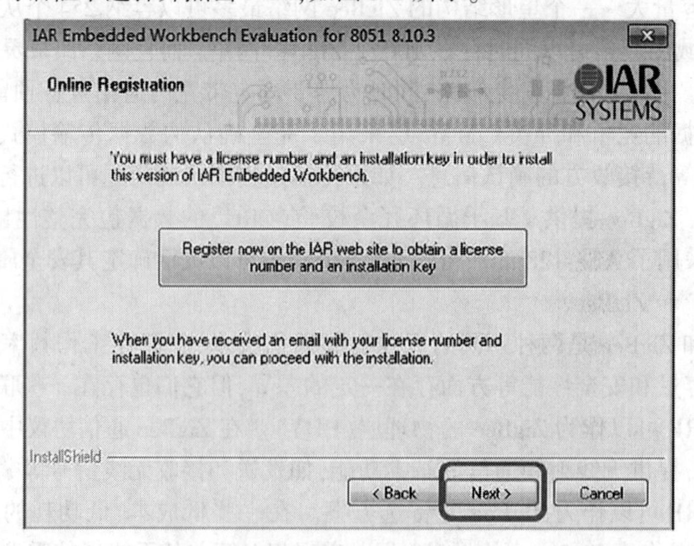

图 5-2　安装界面(1)

在弹出的对话框选择 I accept the terms of the license agreement，然后点击 Next，如图 5-3 所示。

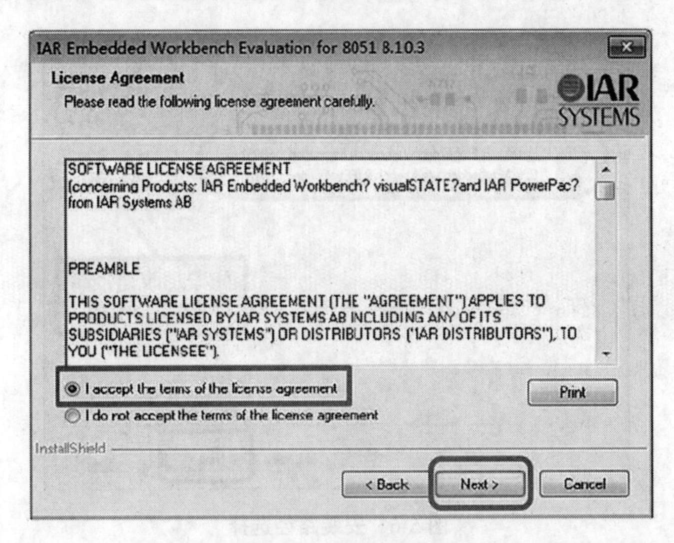

图 5-3 安装界面(2)

输入 License 和 Licensekey 后点击 Next 到下一个窗口,如图 5-4 所示。

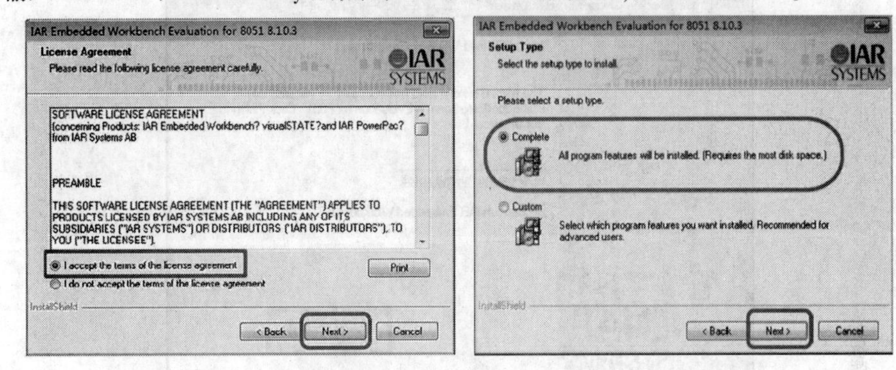

图 5-4 安装界面(3)

选择安装类型,点击 Next,如图 5-5、图 5-6 所示。

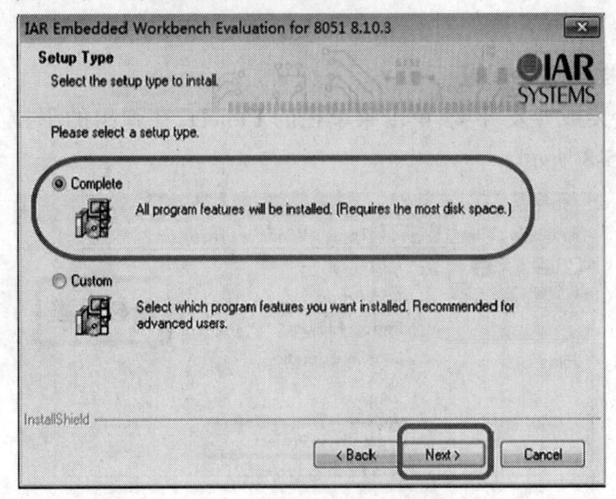

图 5-5 安装类型选择

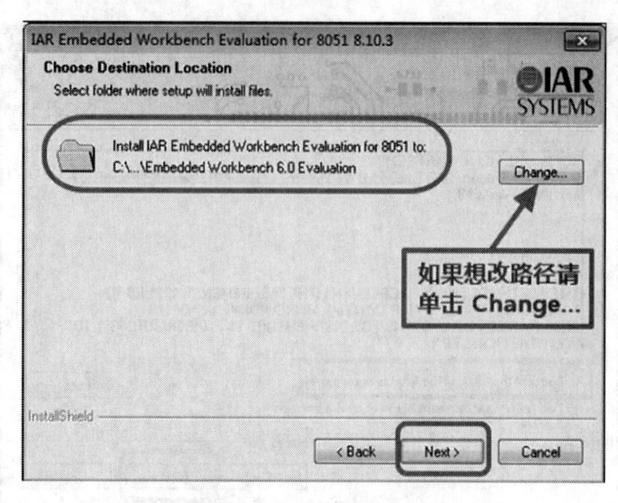

图 5-6　安装路径选择

安装完成后可进行工程的建立,如图 5-7 所示。

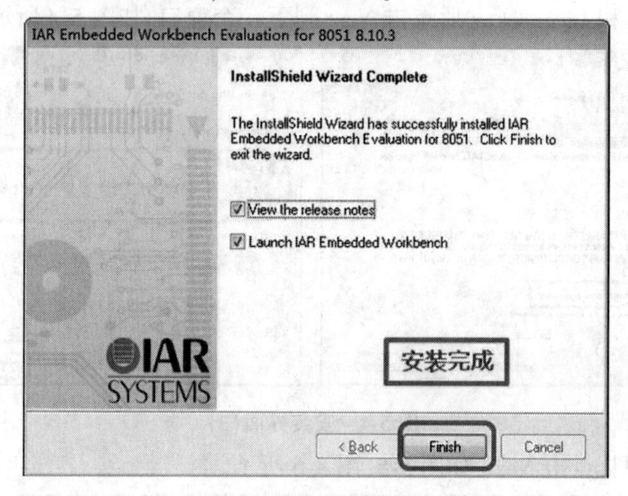

图 5-7　安装完成

5.1.2.2　新建工程与工程配置

(1)打开 IAR 集成开发环境,单击菜单栏的 Project,在弹出的下拉菜单中选择 Create New Project,如图 5-8 所示。

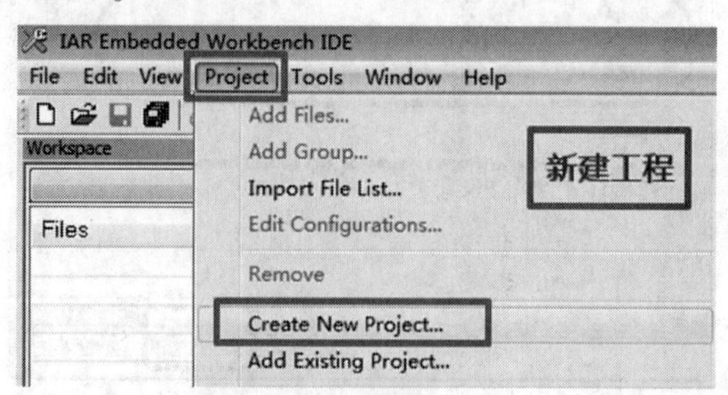

图 5-8　新建工程

(2)在弹出窗口选中 Empty project 再点击 OK,如图 5-9 所示。

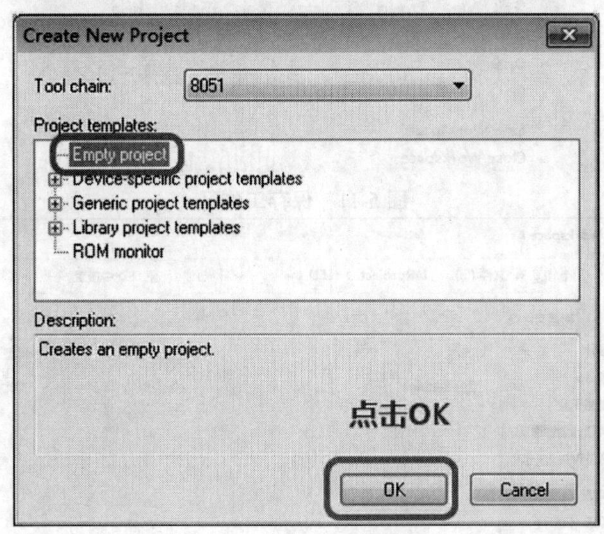

图 5-9　新建工程

(3)选择保存工程的位置和工程名,如图 5-10 所示。

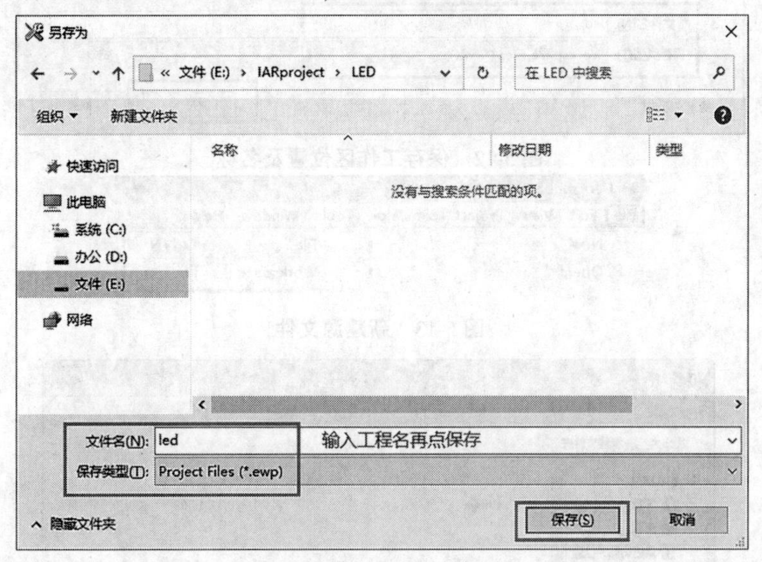

图 5-10　保存工程位置和名称

(4)选择菜单栏上的 File,在弹出的下拉菜单中选择 Save Workspace,如图 5-11 所示。在弹出的 Save Workspace As 对话框中选择保存的位置,输入文件名即可,保存 Workspace。如图 5-12 所示。

(5)新建源文件,点击 File 选择 New 中的 File 选项,再点击 File 选择 Save 填写好源文件的名称,点击保存即可,如图 5-13~图 5-14 所示。

(6)选择 Project 的 Add File,添加刚才保存的文件(见图 5-15)。例如刚才保存为 main.c(见图 5-14),在弹出的对话框选择 main.c 即可,然后点击打开。这时,发现左边框里面出现了我们添加的文件,说明添加成功。

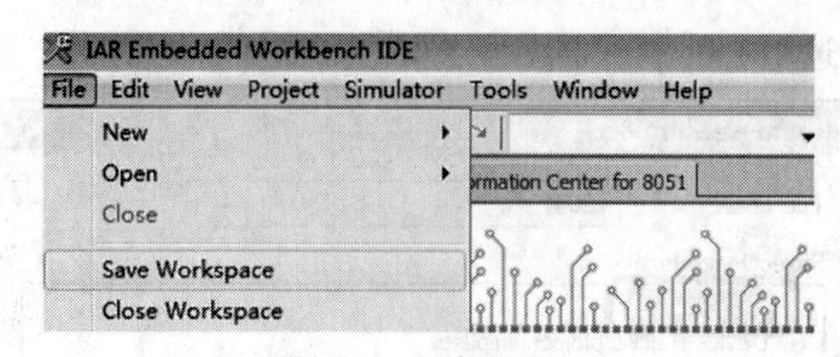

图 5-11　保存工作区

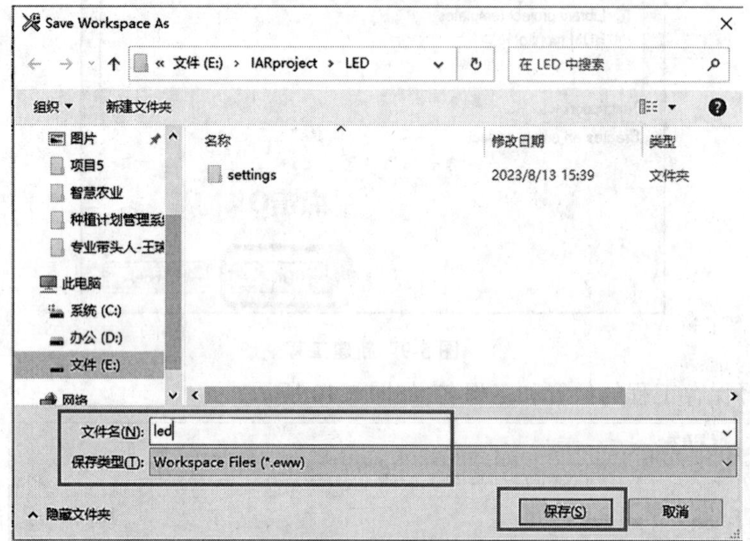

图 5-12　保存工作区位置及名称

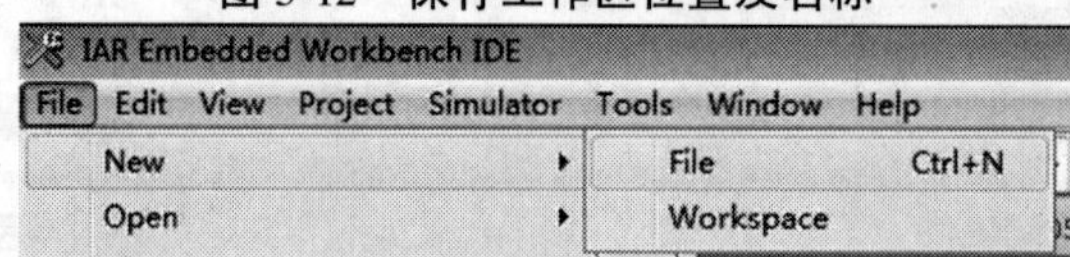

图 5-13　新建源文件

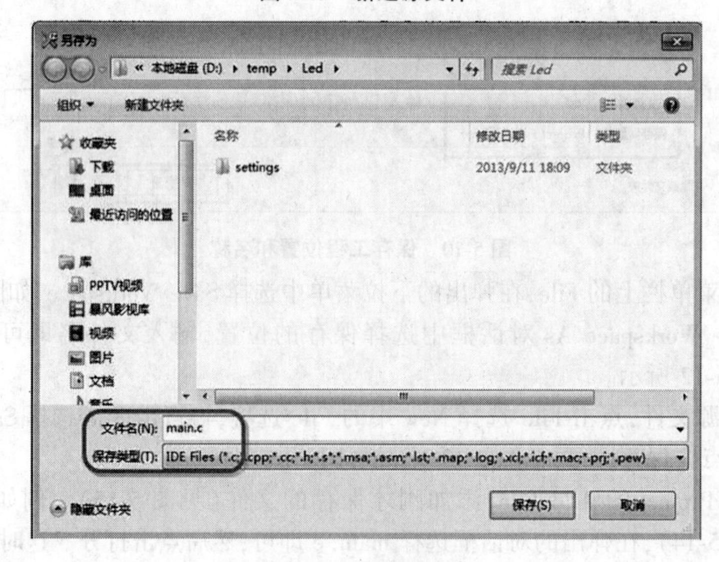

图 5-14　保存源文件

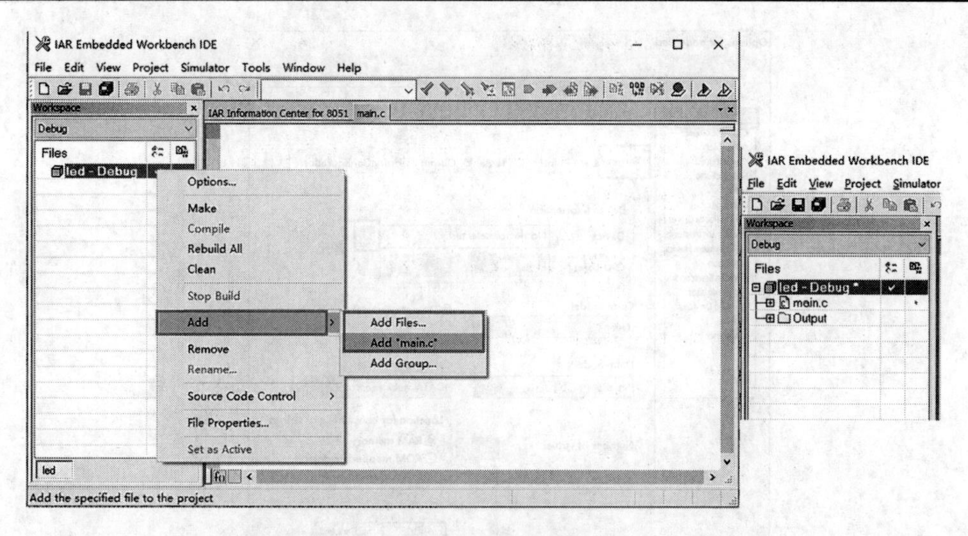

图 5-15　添加源文件

IAR 集成了许多种处理器,在建立工程后必须对工程进行设置才能够开发出相应的程序。设置步骤如下:

(1)点击菜单栏上的 Project,在弹出的下拉菜单中选择 Options,弹出的 Option for node“Led”,快捷方式:在工程名上点右键,选择 Options,如图 5-16 所示。

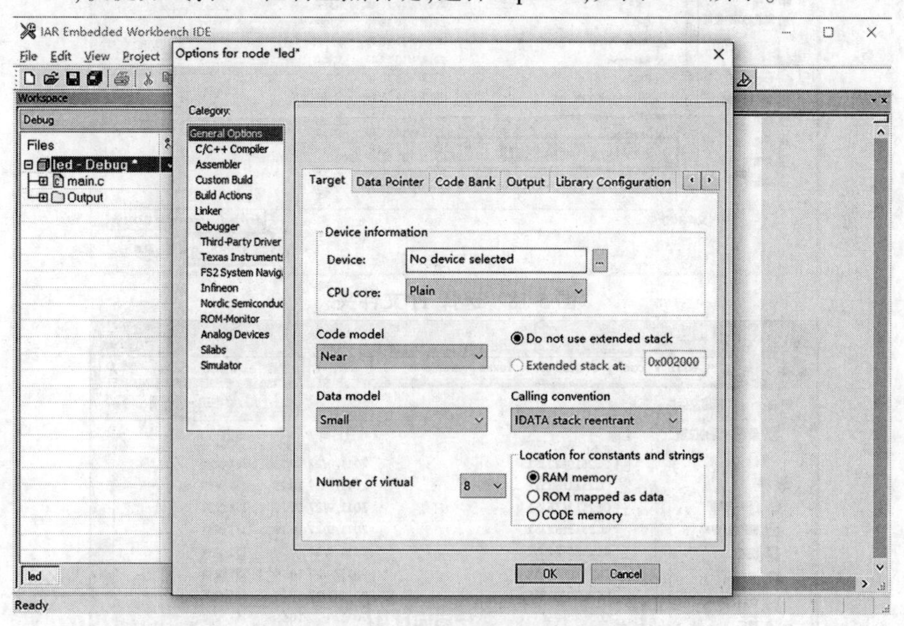

图 5-16　工程属性配置窗口

(2)设置相关参数。在 General Option 选项 Target 标签下,Device 栏中选择 Texas Instruments 文件夹下的 CC2530F256. i51,如图 5-17~图 5-19 所示。

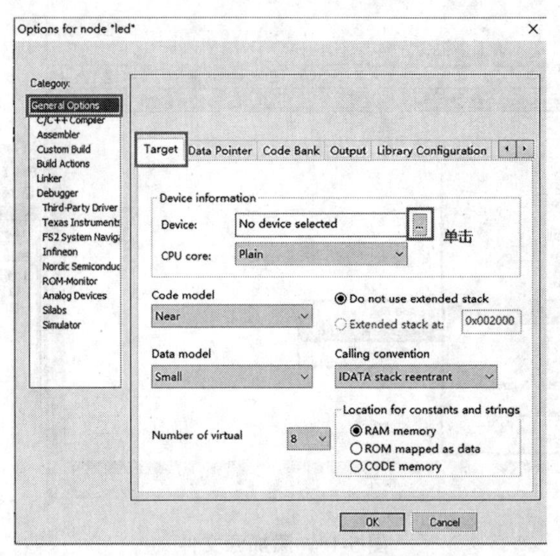

图 5-17　选择 Target 标签

图 5-18　选择 TI 文件夹

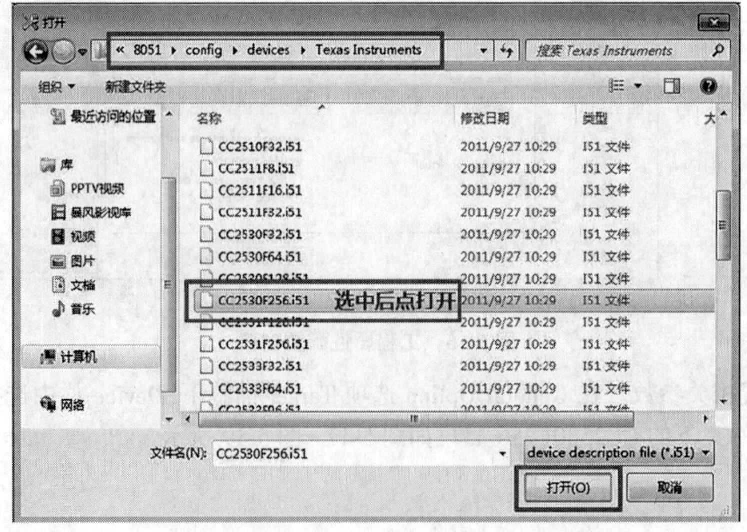

图 5-19　芯片选择

(3)设置 Codemodel、Data model、Calling convention,如图 5-20 所示。

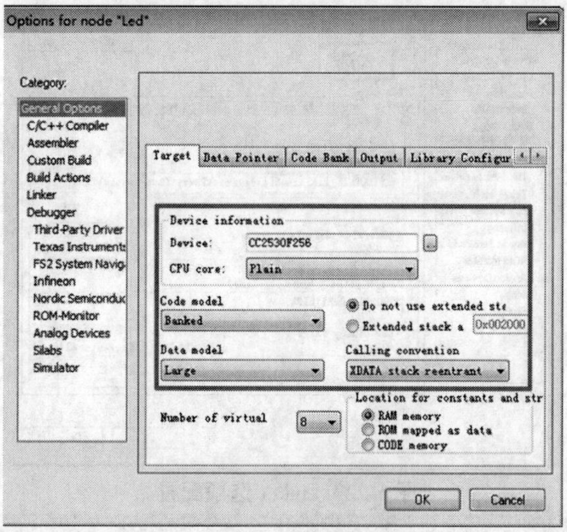

图 5-20　参数设置

(4)在 Stack/Heap 标签,XDATA 文本框内设置为 0x1FF,如图 5-21 所示。

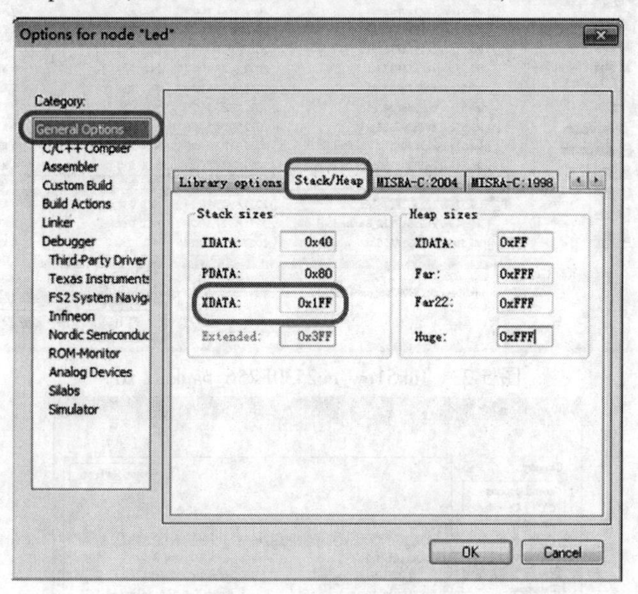

图 5-21　XDATA 文本框

(5)Linker 选项 Config 标签,勾选 Override default(见图 5-22),点击下面对话框最右边的按键,选择 lnk51ew_cc2530F256_banked. xcl,如图 5-23 所示。

(6)Output 标签选项主要用于设置输出文件以及格式,勾选 C-SPY-specific extraoutput file,如图 5-24 所示。设置 Extra Output (见图 5-25)。

(7)Debugger 栏中的 Setup 栏设置为 Tesas Instruments,如图 5-26 所示。

经过以上设置,所有设置已完成。可以对工程进行编译,看是否正确。

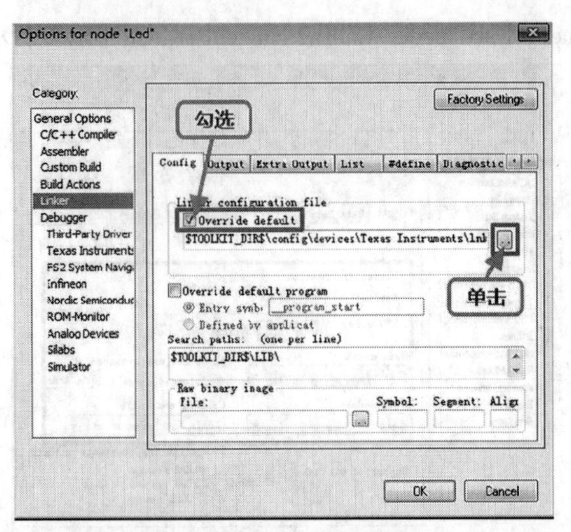

图 5-22　Linker 选项配置

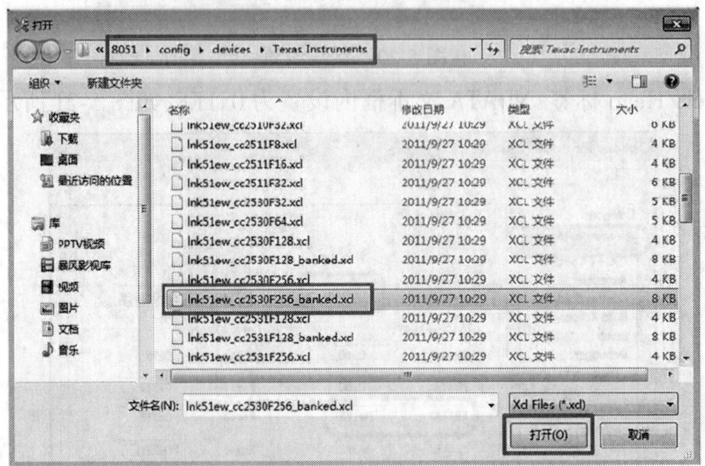

图 5-23　Ink51ew_cc2530F256_banked. xd

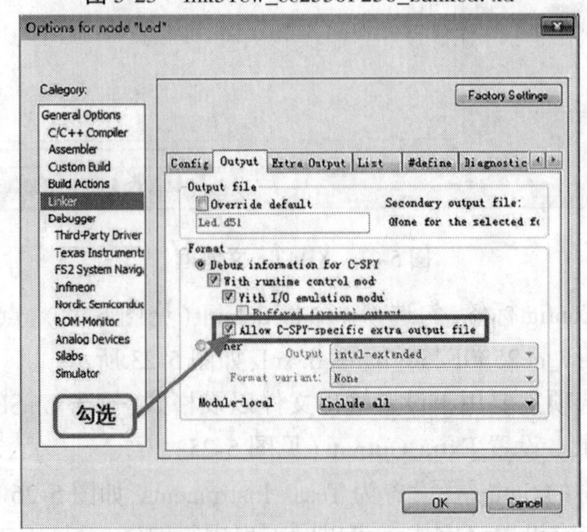

图 5-24　Output 标签配置

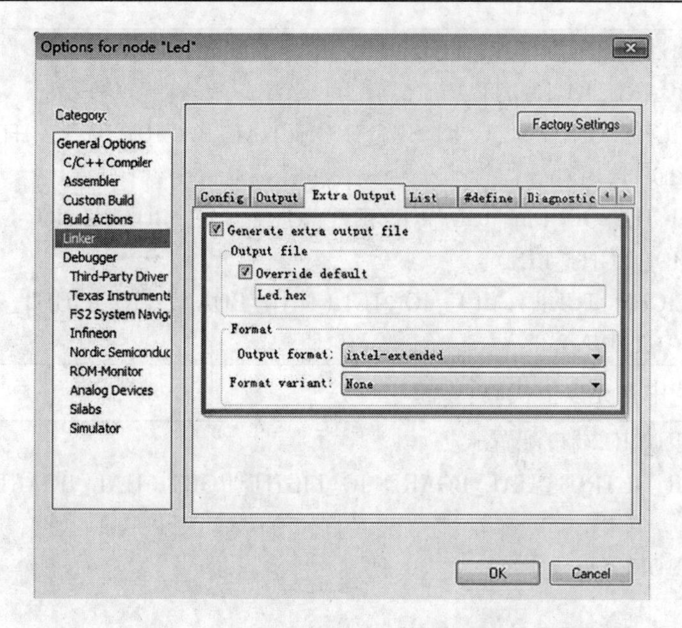

图 5-25　设置 Extra Output 配置

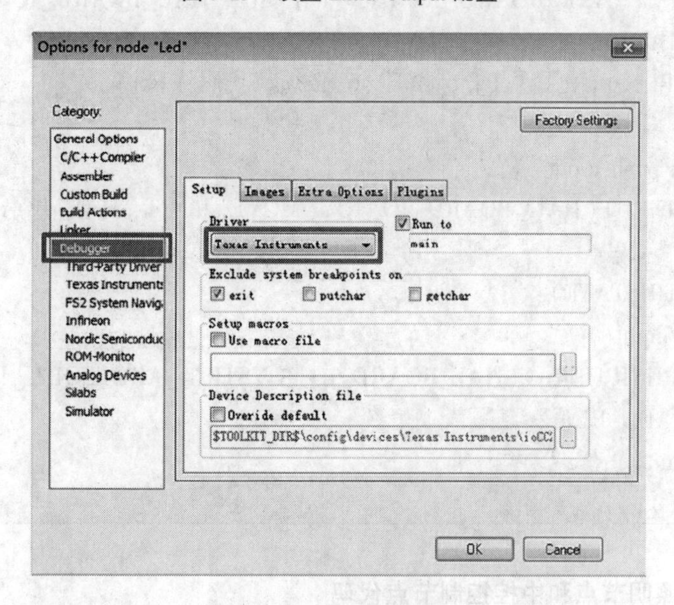

图 5-26　仿真器配置

5.1.3　完善工程代码

5.1.3.1　编写照明控制代码

本任务将照明灯通过继电器模块与 ZigBee 模块的 P1_5 引脚相连,需要编写照明灯的控制代码。在“hal_board.h”补充以下代码:

```
#define HAL_BOARD_IO_LIGHT_PORT 1 //照明灯 Light
#define HAL_BOARD_IO_LIGHT_PIN 5
#define HAL_LIGHT_ON() MCU_IO_SET_HIGH(HAL_BOARD_IO_LIGHT_PORT, HAL
_BOARD_IO_LIGHT_PIN)
#define HAL_LIGHT_OFF() MCU_IO_SET_LOW(HAL_BOARD_IO_LIGHT_PORT,
HAL_BOARD_IO_LIGHT_PIN)
#define HAL_LIGHT_TGL() MCU_IO_TGL(HAL_BOARD_IO_LIGHT_PORT, HAL_
BOARD_IO_LIGHT_PIN)
```

在"hal_board.c"中补充以下代码：

```
/*添加照明灯 GPIO 端口配置*/
  MCU_IO_DIR_OUTPUT(HAL_BOARD_IO_LIGHT_PORT, HAL_BOARD_IO_LIGHT_
PIN);
  HAL_LIGHT_OFF();
  // Buttons
  MCU_IO_INPUT(HAL_BOARD_IO_BTN_1_PORT, HAL_BOARD_IO_BTN_1_PIN,
MCU_IO_TRISTATE);
  /*官方板 SPI 接口使用了 P1.5 和 P1.6,必须将代码注释掉 */
#if 0
    // Joystick push input
    MCU_IO_INPUT(HAL_BOARD_IO_JOY_MOVE_PORT, HAL_BOARD_IO_JOY_
MOVE_PIN, \
    MCU_IO_TRISTATE);
    // Analog input
    MCU_IO_PERIPHERAL(HAL_BOARD_IO_JOYSTICK_ADC_PORT, HAL_BOARD_
IO_JOYSTICK_ADC_PIN);
    halLcdSpiInit();
    halLcdInit();
```

5.1.3.2 编写照明节点和中控控制节点代码

在"light.c"源代码文件中输入以下代码：

```
/************************************ INCLUDES */
#include <hal_led.h>
#include <hal_assert.h>
#include <hal_board.h>
#include <hal_int.h>
#include "hal_mcu.h"
#include "hal_button.h"
```

```
#include "hal_rf.h"
#include "basic_rf.h"
/****************************************** CONSTANTS */
// Application parameters
#define RF_CHANNEL 19 //2.4 GHz RF channel
//BasicRF address definitions
#define PAN_ID 0x2021                  //PANID
#define CONTROL_ADDR 0x2512            //中控节点地址
#define LIGHT_ADDR 0xBE04              //照明节点地址
#define APP_PAYLOAD_LENGTH 7           //数据载荷长度
#define HEAD 0x55                      //包头
#define TAIL 0xDD                      //包尾
#define MCMD_LIGHT_STATUS 0x01         //主指令-灯状态
#define MCMD_CTRL_LIGHT 0x11           //主指令-控制灯
#define SCMD_OPEN 0x01                 //副指令-开
#define SCMD_CLOSE 0x02                //副指令-闭
/*判断照明灯亮灭情况 亮:1 灭:0 */
#define HAL_LIGHT_IS_ON() (MCU_IO_GET(HAL_BOARD_IO_LIGHT_PORT, \
                              HAL_BOARD_IO_LIGHT_PIN))
/************************************** LOCAL VARIABLES */
stati cuint8 pTxData[APP_PAYLOAD_LENGTH]; //发送缓存
stati cuint8 pRxData[APP_PAYLOAD_LENGTH]; //接收缓存
stati cbasicRfCfg_t basicRfConfig;                //Basic RF 层配置重要结构体
uint8 masterCMD, slaveCMD1, slaveCMD2;        //主指令、副指令1和副指令2
/************************************** LOCAL FUNCTIONS */
void build_payload(uint8 mCMD, uint8 sCMD1, uint8 sCMD2);
int8 rcvdata_process(uint8 *rxbuf, uint8 *mCMD, uint8 *sCMD1, uint8 *sCMD2);
void config_basicRf(void);
void main(void)
{
  static uint8 led_count = 0;
  uint8 light_status = 0x66;
  halBoardInit();   //板载外设初始化
  config_basicRf(); //Basic RF 层初始化
  while (TRUE)
  {
    led_count++;
    /*如果收到了无线通信数据 */
```

```
    if (basicRfPacketIsReady())
    {
      /*取数据存入 pRxData 缓存区 */
      if (basicRfReceive(pRxData, APP_PAYLOAD_LENGTH, NULL) > 0)
      {
        /*解析接收数据并取出各指令 */
        if (rcvdata_process(pRxData, &masterCMD, &slaveCMD1, &slaveCMD2) < 0)
        {
          HAL_ASSERT(FALSE);
        }
        /*如果收到了照明灯控制指令 */
        if (masterCMD == MCMD_CTRL_LIGHT)
        {
          if (slaveCMD1 == 0x01)
            HAL_LIGHT_ON(); //开灯
          else if (slaveCMD1 == 0x02)
            HAL_LIGHT_OFF(); //关灯
        }
      }
    }
    if (led_count >= 10) //每隔 500 ms 上报 LED 灯泡亮灭情况    {
      halLedToggle(1);
      led_count = 0;

      /*判断照明灯亮灭情况 */
      if (HAL_LIGHT_IS_ON())
        light_status = SCMD_OPEN;
      else
        light_status = SCMD_CLOSE;
      /*组建要发送的数据 */
      build_payload(MCMD_LIGHT_STATUS, light_status, 0x00);
      /*发送数据 */
      basicRfSendPacket(CONTROL_ADDR, pTxData, APP_PAYLOAD_LENGTH);
    }
    halMcuWaitMs(50);
  }
}
/**
```

```
* @brief 配置 Basic RF 层
* @param None
* @retval None
*/
void config_basicRf(void)
{
basicRfConfig.panId = PAN_ID;            //配置 PANID
basicRfConfig.channel = RF_CHANNEL;  //配置信道号
basicRfConfig.ackRequest = TRUE;         //响应请求
basicRfConfig.myAddr = LIGHT_ADDR;   //注意:照明节点地址
  if (basicRfInit(&basicRfConfig) == FAILED)
  {
    HAL_ASSERT(FALSE);
  }
  basicRfReceiveOn(); //打开接收功能
}
/**
* @brief 组建要发送的数据 存入 pTxData 缓存
* @param   mCMD 主指令 | sCMD1 副指令 1 | sCMD2 副指令 2
* @retval None
*/
void build_payload(uint8 mCMD, uint8 sCMD1, uint8 sCMD2)
{
  pTxData[0] = HEAD;
  pTxData[1] = APP_PAYLOAD_LENGTH;
  pTxData[2] = mCMD;
  pTxData[3] = sCMD1;
  pTxData[4] = sCMD2;
  pTxData[5] = (pTxData[1] + pTxData[2] + pTxData[3] + pTxData[4]) % 256;
  pTxData[6] = TAIL;
}

/**
* @brief 接收数据解析
* @param   *rxbuf 收到的数据 | mCMD 主指令 | sCMD1 副指令 1 | sCMD2 副指令 2
* @retval 0 checksum 正确 | -1 checksum 错误
*/
int8 rcvdata_process(uint8 *rxbuf, uint8 *mCMD, uint8 *sCMD1, uint8 *sCMD2)
```

```
{
  uint8 checksum = 0x00;
  /* 判断包头包尾 */
  if ((rxbuf[0] != HEAD) || (rxbuf[6] != TAIL))
    return-1;
  /* 判断 checksum */
  checksum = (rxbuf[1] + rxbuf[2] + rxbuf[3] + rxbuf[4]) % 256;
  if (rxbuf[5] != checksum)
    return-1;
  *mCMD = rxbuf[2];  //获取主指令
  *sCMD1 = rxbuf[3]; //获取副指令 1
  *sCMD2 = rxbuf[4]; //获取副指令 2
  return 0;
}
```

在“control.c”源代码文件中输入以下代码：

```
/*********************************** INCLUDES */
#include <hal_led.h>
#include <hal_assert.h>
#include <hal_board.h>
#include <hal_int.h>
#include "hal_mcu.h"
#include "hal_button.h"
#include "hal_rf.h"
#include "basic_rf.h"
/*********************************** CONSTANTS */
// Application parameters
#define RF_CHANNEL 19 //2.4 GHz RF channel
//BasicRF address definitions
#define PAN_ID 0x2021               //PANID
#define CONTROL_ADDR 0x2512         //中控节点地址
#define LIGHT_ADDR 0xBE07           //照明节点地址
#define APP_PAYLOAD_LENGTH 7  //数据载荷长度
#define HEAD 0x55                   //包头
#define TAIL 0xDD                   //包尾
#define MCMD_LIGHT_STATUS 0x01 //主指令-灯状态
#define MCMD_CTRL_LIGHT 0x11   //主指令-控制灯
#define SCMD_OPEN 0x01              //副指令-开
```

```
#define SCMD_CLOSE 0x02             //副指令-闭
/* * * * * * * * * * * * * * * * * * * * * * * * * * * LOCAL VARIABLES */
static uint8 pTxData[APP_PAYLOAD_LENGTH]; //发送缓存
static uint8 pRxData[APP_PAYLOAD_LENGTH]; //接收缓存
static basicRfCfg_t basicRfConfig;               //Basic RF 层配置重要结构体
uint8 masterCMD, slaveCMD1, slaveCMD2;           //主指令和副指令
/* * * * * * * * * * * * * * * * * * * * * * * * * * * LOCAL FUNCTIONS */
void build_payload(uint8 mCMD, uint8 sCMD1, uint8 sCMD2);
int8 rcvdata_process(uint8 *rxbuf, uint8 *mCMD, uint8 *sCMD1, uint8 *sCMD2);
void config_basicRf(void);
void main(void)
{
  uint8 cmd_ctrl = 0x00;
  uint8 currentLight = 0x02; //存储当前照明灯开闭情况,刚上电默认为关
  halBoardInit();            //板载外设初始化
  config_basicRf();          //basicRf 初始化
  while (TRUE)
  {
    /* 如果收到了无线通信数据 */
    if (basicRfPacketIsReady())
    {
      /* 取数据存入 pRxData 缓存区 */
      if (basicRfReceive(pRxData, APP_PAYLOAD_LENGTH, NULL) > 0)
      {
        /* 解析接收数据并取出各指令 */
        if (rcvdata_process(pRxData, &masterCMD, &slaveCMD1, &slaveCMD2) < 0)
        {
          HAL_ASSERT(FALSE);
        }
        if(masterCMD == MCMD_LIGHT_STATUS)//如果收到了照明灯亮灭情况数据
        {
          currentLight = slaveCMD1; //更新当前照明灯亮灭情况
          if (slaveCMD1 == 0x01)
            HAL_LED_SET_1();
          else if (slaveCMD1 == 0x02)
            HAL_LED_CLR_1();
        }
```

```
        }
      }
      /* 等待按下 Key1 */
      if (halButtonPushed() == HAL_BUTTON_1)
      {
        halLedToggle(2); //翻转 LED2 作为按键按下指示
        /* 判断照明灯亮灭情况 */
        if (currentLight == 0x01)
          cmd_ctrl = SCMD_CLOSE;
        else if (currentLight == 0x02)
        cmd_ctrl = SCMD_OPEN;
        /* 组建要发送的数据 */
        build_payload(MCMD_CTRL_LIGHT, cmd_ctrl, 0x00);
        /* 发送数据 */
        basicRfSendPacket(LIGHT_ADDR, pTxData, APP_PAYLOAD_LENGTH);
      }
      halMcuWaitMs(20);
    }
}
/**
  * @brief    配置 Basic RF 层
  * @param    None
  * @retval   None
  */
void config_basicRf(void)
{
  basicRfConfig.panId = PAN_ID;            //配置 PANID
  basicRfConfig.channel = RF_CHANNEL; //配置信道号
  basicRfConfig.ackRequest = TRUE;        //响应请求
  basicRfConfig.myAddr = LIGHT_ADDR; //注意:照明节点地址
  if (basicRfInit(&basicRfConfig) == FAILED)
  {
    HAL_ASSERT(FALSE);
  }
  basicRfReceiveOn(); //打开接收功能
}
/**
  * @brief     组建要发送的数据
```

```
 * @param   mCMD 主指令 | sCMD1 副指令 1 | sCMD2 副指令 2
 * @retval None
 */
void build_payload(uint8 mCMD, uint8 sCMD1, uint8 sCMD2)
{
  pTxData[0] = HEAD;
  pTxData[1] = APP_PAYLOAD_LENGTH;
  pTxData[2] = mCMD;
  pTxData[3] = sCMD1;
  pTxData[4] = sCMD2;
  pTxData[5] = (pTxData[1] + pTxData[2] + pTxData[3] + pTxData[4]) % 256;
  pTxData[6] = TAIL;
}
/**
 * @brief     接收数据解析
 * @param    *rxbuf 收到的数据 | mCMD 主指令 | sCMD1 副指令 1 | sCMD2 副指令
2
 * @retval 0 checksum 正确 | -1 checksum 错误
 */
int8 rcvdata_process(uint8 *rxbuf, uint8 *mCMD, uint8 *sCMD1, uint8 *sCMD2)
{
  uint8 checksum = 0x00;
  /*判断包头包尾 */
  if ((rxbuf[0] != HEAD) || (rxbuf[6] != TAIL))
    return-1;
  /*判断 checksum */
  checksum = (rxbuf[1] + rxbuf[2] + rxbuf[3] + rxbuf[4]) % 256;
  if (rxbuf[5] != checksum)
    return-1;
  *mCMD = rxbuf[2];  //获取主指令
  *sCMD1 = rxbuf[3];  //获取副指令 1
  *sCMD2 = rxbuf[4];  //获取副指令 2
  return 0;
}
```

5.1.4　编译下载程序

在编译与下载节点程序前，需要正确选择相应的配置项，选中“light”编译配置项[见图 5-27(a)]，配置“control.c”不参与编译，选中“control”编译配置项，配置“light.c”不参与编译。如果程序编译没有错误,可单击工具栏的“Download and Debug”按钮下载程序,如图 5-27(b)所示。

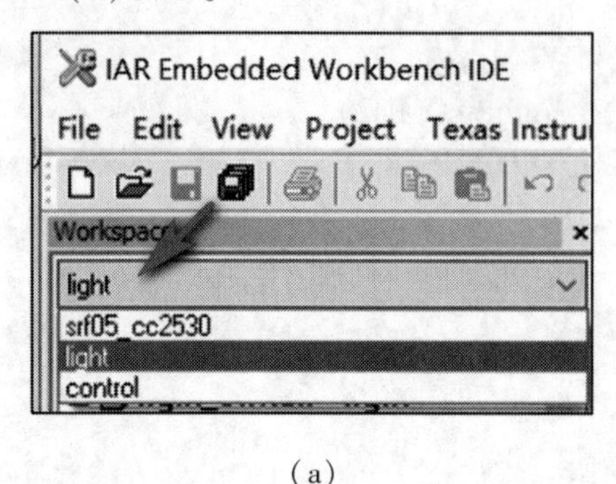

(a)

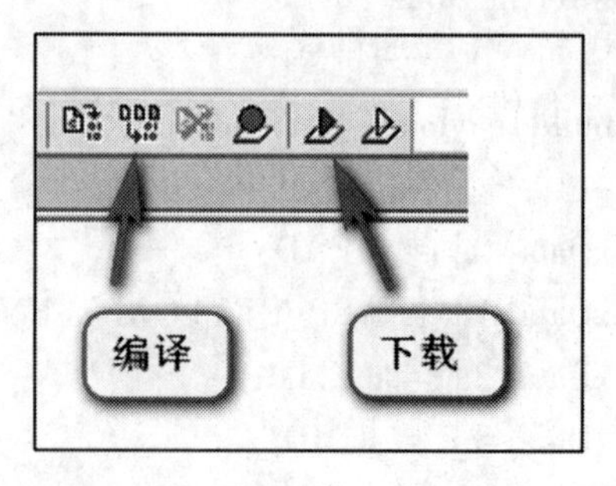

(b)

图 5-27　编译下载程序

5.1.5　搭建硬件

根据任务要求搭建硬件,如图 5-28 所示。

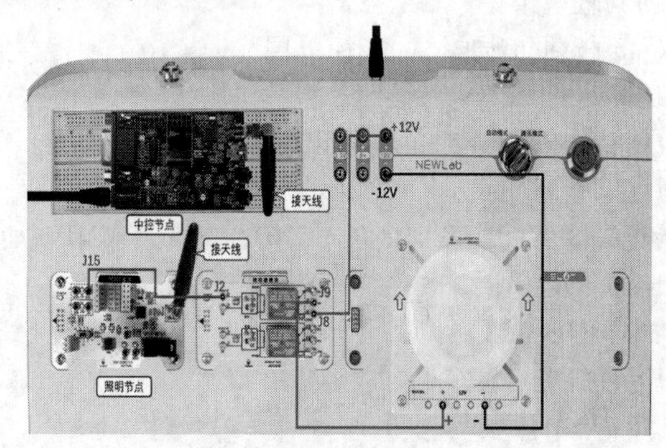

图 5-28　硬件连接图

5.1.6　调试运行

如果程序编写无误,在程序编译下载后,上电运行,将看到以下现象:

(1)中控节点按下按键 1,灯的状态会翻转;同时中控节点会向照明节点发送控制指令,用来翻转照明灯的状态。

(2)照明节点每隔 0.5 s 上报当前照明灯的亮灭情况至中控节点。

(3)中控节点上的 LED 灯用来实时指示远程照明灯的亮灭情况,远程灯亮,则 LED 灯亮;反之远程灯灭,LED 灯灭。

5.2　任务二　Wi-Fi 组网接入云平台

➤ 任务描述

信息时代,各行各业都会产生大量数据,鉴于大数据存储、数据可以随时随地被访问,

方便企业管理的需求,我们需要将通过 Wi-Fi 组件的传感网接入到云平台。本任务的具体要求为:

(1)将 Wi-Fi 通信模块,通过串口调试助手发送 AT 指令配置为 Soft-AP 工作模式和 station 工作模式;

(2)在物联网平台创建 Wi-Fi 工程,通过 M3 主控模块发送 AT 指令控制 Wi-Fi 通信模块,实现 Wi-Fi 连接物联网云平台。

➤ **知识精讲**

5.2.1　Wi-Fi 数据通信

5.2.1.1　基础知识

Wi-Fi,全称为 Wireless Fidelity,是一种基于无线局域网技术的无线通信技术,可以用于实现无线数据传输和互联网接入。Wi-Fi 技术使用无线电频率进行通信,通过无线电波将数据传输到接收器中,实现无线通信,避免了传统有线网络的限制。Wi-Fi 技术主要应用于家庭网络、企业网络、公共场所等领域。它可以为用户提供高速、便捷、灵活的无线网络接入服务,而无须使用传统有线网络的布线和连接设备。同时,由于其无线通信的特点,Wi-Fi 技术也能够满足移动设备、传感器网络等应用场景的需求。

1. Wi-Fi 标准和速率

Wi-Fi 技术最初是由 IEEE(Institute of Electrical and Electronics Engineers,电气电子工程师协会)开发的无线局域网标准系列,主要包括 802.11a、802.11b、802.11g、802.11n、802.11ac 和 802.11ax 等几个版本。每个版本都有其特定的频率范围、数据传输速率和通信协议等。目前最新的 Wi-Fi 标准是 802.11ax,也被称为 Wi-Fi6,它采用了新的技术和协议,提供更高的数据传输速率和更好的网络性能。

Wi-Fi 的数据传输速率取决于其工作模式、频率范围、信道宽度、调制方式等因素。目前 Wi-Fi 技术的最高速率可以达到几十 Gbps,但实际应用中的速率通常在几 Mbps 到几百 Mbps之间。以下是一些常见的 Wi-Fi 速率:

(1)802.11a。最高速率为 54 Mbps。

(2)802.11b。最高速率为 11 Mbps。

(3)802.11g。最高速率为 54 Mbps。

(4)802.11n。最高速率为 600 Mbps。

(5)802.11ac。最高速率为 7 Gbps。

(6)802.11ax。最高速率为 9.6 Gbps。

需要注意的是,实际上 Wi-Fi 的速率往往受到信号干扰、距离、障碍物、信道拥塞等因素的影响,实际传输速率可能会比标称速率低一些。

2. Wi-Fi 的组网结构

Wi-Fi 组网结构一般分为以下两种类型:

(1)基础设施模式。基础设施模式是指使用无线接入点(Access Point,AP)作为网络的中心节点,将无线设备连接到有线网络中。在基础设施模式下,无线设备通过 AP 进行通信,并可以访问到有线网络中的资源。这种模式适用于大型企业、公共场所等需要提供广域网覆盖的场合。

(2)自组织网络模式。自组织网络模式是指通过无线设备之间的互联,形成一个无线网络,无需中心节点。在自组织网络模式下,无线设备之间可以直接进行通信,形成一个去中心化的网络结构。这种模式适用于小范围的家庭网络、个人网络等。

在实际应用中,还有一些衍生的 Wi-Fi 组网结构,例如混合模式、桥接模式等。混合模式是指将基础设施模式和自组织网络模式相结合,同时使用 AP 和无线设备之间的互联方式,提供更加灵活的无线网络服务。桥接模式是指通过无线桥接器将两个有线网络连接起来,实现有线网络的无线化扩展。

3. Wi-Fi 的安全性

常用的 Wi-Fi 加密有 WEP、WPA、WPA2。WEP 安全性太差,基本上被淘汰了。目前 WPA2 是被业界认为最安全的加密方式。WPA 加密是 WEP 加密的改进版,包含两种方式:预共享钥 (PSK)和 Radius 密钥。其中预共享(PSK)有两种密码方式: TKIP 和 AES。相比 TKIP,AES 具有更好的安全系数。WPA2 加密是 WPA 加密的升级版,建议优先选用 WPA2-PSK AES 模式。WPA/WPA2 加 Radius 密钥是一种最安全的加密类型,不过由于此加密类型需要安装 Radius 服务器,一般用户不容易用到。

4. ESP8266 Wi-Fi 模块

ESP8266 是一款低成本、高性能的 Wi-Fi 模块,由中国的乐鑫科技(Espressif Systems)公司设计和生产。ESP8266 模块集成了一颗 Tensilica L106 32 位微控制器,以及一个高性能的 Wi-Fi 芯片,支持 802.11 b/g/n 协议。ESP8266 模块具有体积小、成本低、易于使用等优点,因此在物联网、智能家居、远程控制等领域得到了广泛的应用。

ESP8266 模块主要包括以下几个方面的特点:

(1)处理器。ESP8266 模块集成了一颗 Tensilica L106 32 位微控制器,主频为 80 MHz,内置 64 KB 的指令 RAM 和 96 KB 的数据 RAM,可通过 SPI、SDIO 或 I2C 等接口进行扩展。

(2)Wi-Fi 芯片。ESP8266 模块的 Wi-Fi 芯片支持 802.11 b/g/n 协议,可实现高速数据传输和稳定的无线连接。该芯片还支持软 AP 和 STA 模式,可以作为 AP 和客户端进行连接。

(3)存储器。ESP8266 模块集成了 4 MB 的闪存存储器,可以用于存储应用程序和数据。此外,ESP8266 还支持外部 SPI Flash 存储器,可以扩展存储容量。

(4)接口。ESP8266 模块提供了多种接口,包括 GPIO、UART、SPI、I^2C 等,可以方便地连接各种传感器、设备和外部存储器。

(5)软件支持:ESP8266 模块可以使用多种编程语言进行开发,包括 C、C++、Lua、MicroPython 等。此外,乐鑫科技公司还提供了 ESP-IDF 和 ESP8266_RTOS_SDK 等开发工具,可以帮助开发者快速构建和调试应用程序。

5. AT 指令

AT 指令是一种用于控制调制解调器(modem)的命令集,最初是由美国电话电报公司(AT&T)开发的。现在,AT 指令已经广泛应用于各种设备和通信技术中,包括 GSM、

CDMA、LTE等移动通信技术,以及Wi-Fi、蓝牙等无线通信技术。AT指令通常以“AT+命令”或“AT命令”等形式出现,用于设置模块参数、查询模块状态、发送短信、进行数据传输等操作。在实际应用中,需要根据不同的设备和通信技术,选择合适的AT指令集并进行相应的配置和调试,以实现各种应用需求。

6. ESP8266 Wi-Fi通信模块工作模式

ESP8266支持三种工作模式,分别为station模式、soft-AP模式、station+soft-AP模式。

ESP8266工作在station模式时,相当于一个客户端,此时Wi-Fi通信模块会连接到无线路由器,从而实现Wi-Fi通信。这种模式主要用在网络通信中。

ESP8266工作在soft-AP模式时,相当于一个路由器,其他的Wi-Fi设备可以连接到该热点AP进行Wi-Fi通信,这种设备模式用在主从设备通信的场景中,被配置为AP热点的Wi-Fi通信模块作为主机。

ESP8266工作在station+soft-AP模式时,Wi-Fi通信模块既当作无线AP热点,又作为客户端,结合上面两种模式的综合应用,一般可在需要网络通信且在主从关系中的主机,从而实现组网通信。

5.2.1.2 Wi-Fi station工作模式配置

station工作模式配置的AT指令如下:

(1) AT+CWMODE=1

该指令用于将ESP8266设置到STATION工作模式,如果该指令返回OK,则表明设置AP工作模式成功;返回其他值,则设置失败。

(2) AT+CWDHCP=1,1

该指令用于将ESP8266的Station工作模式下的DHCP功能开启,如果该指令返回OK,则表明设置成功;返回其他值,则设置失败。

(3) AT+RST

该指令用于在Station模式下重启ESP8266模块,如果该指令返回OK,则表明重启成功;返回其他值,则重启失败。

(4) AT+CWLAP

该指令用于扫描所有可用的AP接入点,如果该指令返回:

+CWLAP:(热点1信息)

+CWLAP:(热点2信息)

……

OK

则表明扫描热点成功;返回其他值,则扫描失败。

(5) AT+CWJAP=“热点名称”,“热点密码”,该指令用于发动Wi-Fi模块连接AP热点,如果该指令返回:

Wi-Fi CONNECTED

Wi-Fi GOT IP

OK

则表明热点连接成功,返回其他值,则连接热点失败。

(6) AT+CWJAP?

该指令用于发动 Wi-Fi 模块连接 AP 热点,如果该指令返回:

+CWJAP:"连接的热点名称","热点 MAC 地址",信道,信号强度,若返回:

OK

则表明查看当前连接的 AP 成功;返回其他值,则连接热点失败。

(7)AT+CIPSTA?

该指令返回 Wi-Fi 模块的 IP 信息,如果该指令返回:

```
+CIPSTA:ip:"xxx. xxx. xxx. xxx"
+CIPSTA:gateway:""
+CIPSTA:netmask:"xxx. xxx. xxx. xxx"
OK
```

则表示读取成功;返回其他值,则读取失败。

5.2.1.3　Wi-Fi soft-AP 工作模式配置

soft-AP 工作模式配置的 AT 指令如下:

1. AT+CWMODE=2

该指令用于将 ESP8266 设置到 AP 工作模式,如果该指令返回 OK,则表明设置 AP 工作模式成功,返回其他值,则设置失败。

2. AT+CWDHCP=0,1

该指令用于将 ESP8266 的 AP 工作模式下的 DHCP 功能开启,如果该指令返回:OK,则表明设置成功;返回其他值,则设置失败。

3. AT+RST

该指令用于在 AP 模式下重启 ESP8266 模块,如果该指令返回 OK,则表明重启成功;返回其他值,则重启失败。

4. AT+CWSAP="AP 热点名称","AP 密码",信道号,加密方式

该指令用于设置 ESP8266 模块的 AP 热点 SSID 名称、登录密码、信道和加密方式。如果该指令返回 OK,则表明设置成功;返回其他值,则设置失败。

加密方式的对应关系如下:

```
0:OPEN
1:WEP
2:WPA_PSK
3:WPA2_PSK
4:WPA_WPA2_PSK
```

5. AT+CWSAP?

该指令用于查看当前 ESP8266 在 AP 工作模式下的配置信息,如果该指令返回:

+CWSAP:"热点名称","热点密码", 信道号, 加密方式, 最大连接数, 是否广播 ssid(0:不广播,1:广播)

OK

则表明配置 AP 信息成功;返回其他值,则配置失败。

6. AT+CIPAP =“xxx. xxx. xxx. xxx”

该指令用于设置 AP 热点的 IP 地址，如果该指令返回 OK，则表明设置成功；返回其他值，则设置失败。

7. AT+CIPAP？

该指令返回网关的 IP 信息，如果该指令返回：

```
+CIPAP:ip:“xxx. xxx. xxx. xxx”
+CIPAP:gateway:“xxx. xxx. xxx. xxx”
+CIPAP:netmask:“xxx. xxx. xxx. xxx”
OK
```

则表示读取成功；返回其他值，则读取失败。

8. AT+CIPMUX = 1

该指令用于启动多连接，ESP8266 的 AP 工作模式最多支持 5 个客户端的链接，id 分配顺序是 0~4，如果该指令返回 OK，则表明设置成功；如果连接已存在，则返回 ALREAD CONNECT；返回其他值，则设置失败。

9. AT+CIPSERVER = 1,8080

该指令用于开启 ESP8266 的服务器模式，端口号 8080，如果该指令返回 OK，则表明设置成功；返回其他值，则设置失败。

10. AT+CIFSR

该指令用于查看 ESP8266 的 IP 和 MAC 地址，如果该指令返回：

```
+CIFSR:APIP,“192. 168. 2. 1”
+CIFSR:APMAC,“de:4f:22:55:6f:59”
OK
```

则表明读取成功；返回其他值，则读取失败。

5.2.1.4　Wi-Fi soft-AP+station 工作模式配置

soft-AP+station 工作模式配置的 AT 指令如下：

1. AT+CWMODE = 3

该指令用于将 ESP8266 设置到 AP+station 工作模式，如果该指令返回 OK，则表明设置 AP 工作模式成功；返回其他值，则设置失败。

2. AT+CWDHCP = 2,1

该指令用于将 ESP8266 的 AP+station 工作模式下的 DHCP 功能开启，如果该指令返回 OK，则表明设置成功；返回其他值，则设置失败。

3. AT+RST

该指令用于重启 ESP8266 模块并工作在 AP+station 模式下，如果该指令返回 OK，则表明重启成功；返回其他值，则重启失败。

4. AT+CWLAP

该指令用于扫描所有可用的 AP 接入点，如果该指令返回：

```
+CWLAP:(热点 1 信息)
+CWLAP:(热点 2 信息)
…
OK
```

则表明扫描成功;返回其他值,则扫描失败。

5. AT+CWJAP="热点名称","热点密码"

该指令用于发动 Wi-Fi 模块连接 AP 热点,如果该指令返回:

Wi-Fi CONNECTED

Wi-Fi GOT IP

OK

则表明连接成功;返回其他值,则连接失败。

6. AT+CWJAP?

该指令用于发动 Wi-Fi 模块连接 AP 热点,如果该指令返回:

+CWJAP:"连接的热点名称","热点 MAC 地址",信道,信号强度 ,若该指令返回:

OK

则表明已连接热点成功;返回其他值,则连接失败。

7. AT+CIPSTA?

该指令返回 Wi-Fi 模块的 IP 信息,如果该指令返回:

```
+CIPSTA:ip:"xxx. xxx. xxx. xxx"
+CIPSTA:gateway:"xxx. xxx. xxx. xxx"
+CIPSTA:netmask:"xxx. xxx. xxx. xxx"
OK
```

则表示查询 IP 信息成功;返回其他值,则查询失败。

8. AT+CWSAP="AP 热点名称","AP 密码",信道号,加密方式

该指令用于设置 ESP8266 模块的 AP 热点 SSID 名称、登录密码、信道和加密方式。如果该指令返回 OK,则表明设置成功;返回其他值,则设置失败。

(1)加密方式的对应关系如下:

```
0: OPEN
1: WEP
2: WPA_PSK
3: WPA2_PSK
4: WPA_WPA2_PSK
```

(2)由于 AP+station 工作模式下共用一个 Wi-Fi 硬件,所以此处应使用 AT+CWJAP?中显示的父一级 AP 热点的信道号。

9. AT+CWSAP?

该指令用于查看当前 ESP8266 在 AP 工作模式下的配置信息,如果该指令返回:

+CWSAP:“热点名称”,“热点密码”,信道号,加密方式,最大连接数,是否广播 ssid(0:不广播,1:广播),如果该指令返回:

OK

则表明 AP 工作模式的热点信息配置成功;返回其他值,则配置失败。

10. AT+CIPAP=“xxx. xxx. xxx. xxx”

该指令用于设置 AP 热点的 IP 地址,如果该指令返回 OK,则表明设置成功;返回其他值,则设置失败。

11. AT+CIPAP?

该指令返回网关的 IP 信息,如果该指令返回:

```
+CIPAP:ip:“xxx. xxx. xxx. xxx”
+CIPAP:gateway:“xxx. xxx. xxx. xxx”
+CIPAP:netmask:“xxx. xxx. xxx. xxx”
OK
```

则表示读取成功;返回其他值,则读取失败。

12. AT+CIPMUX=1

该指令用于启动多连接,ESP8266 的 AP 工作模式最多支持 5 个客户端的链接,id 分配顺序是 0~4,如果该指令返回 OK,则表明设置成功;返回其他值,则设置失败。

13. AT+CIPSERVER=1,8080

该指令用于开启 ESP8266 的服务器模式,端口号 8080,如果该指令返回 OK,则表明设置成功;返回其他值,则设置失败。

14. AT+CIFSR

该指令用于查看 ESP8266 的 AP 工作模式和 Sstation 工作模式下的 IP 和 MAC 地址,如果该指令返回:

```
+CIFSR:APIP,“192. 168. 2. 1”
+CIFSR:APMAC,“de:4f:22:55:6f:59”
+CIFSR:STAIP,“192. 168. 0. 101”
+CIFSR:STAIP,“dc:4f:22:55:6f:5”
OK
```

则表明读取成功;返回其他值,则读取失败。

➢ **任务实施**

5.2.2 配置 Wi-Fi 模块为 soft-AP+station 工作模式

(1)设置工作模式,如图 5-29~图 5-32 所示。

(2)设置为 station,如图 5-33~图 5-36 所示。

(3)设置为 AP,如图 5-37~图 5-43 所示。

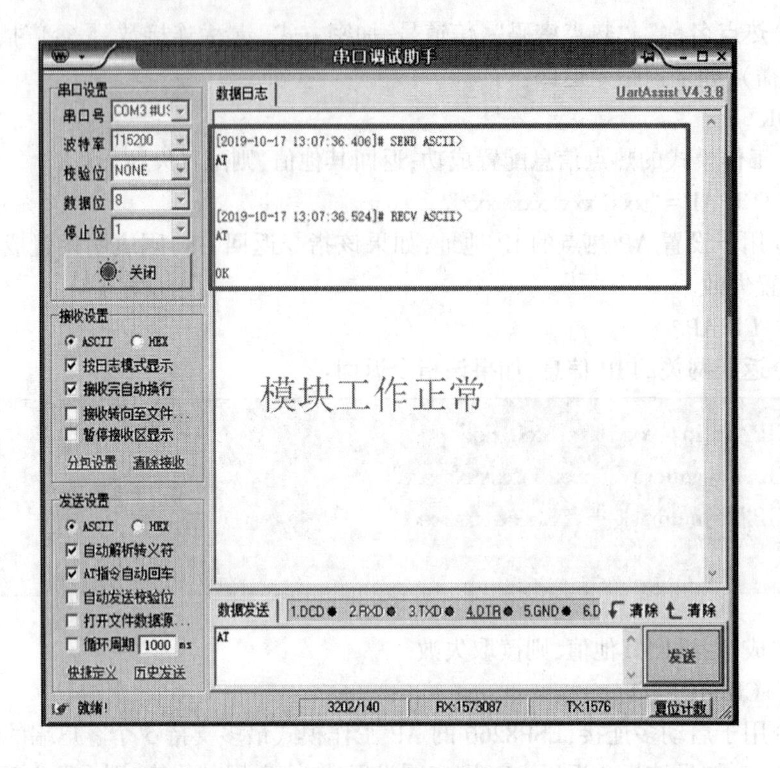

图 5-29　测试模块是否正常工作

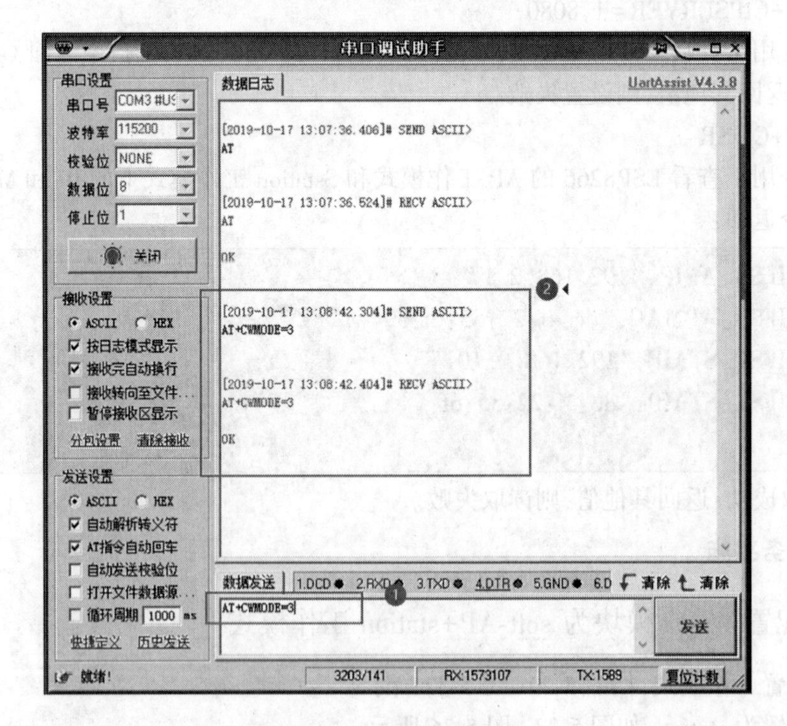

图 5-30　设置工作模式

图 5-31　启动 DHCP

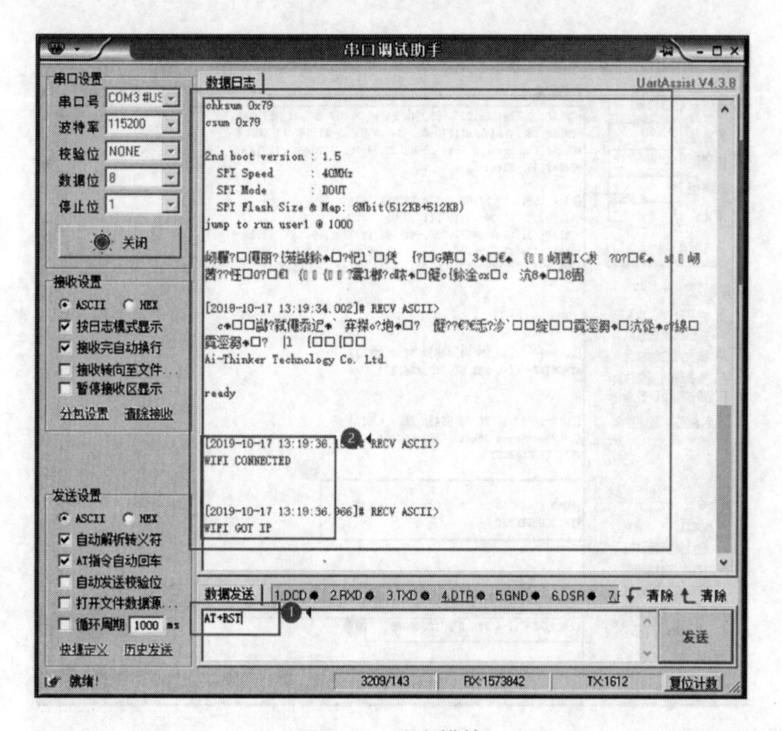

图 5-32　重启模块

图 5-33　查找可连接的热点

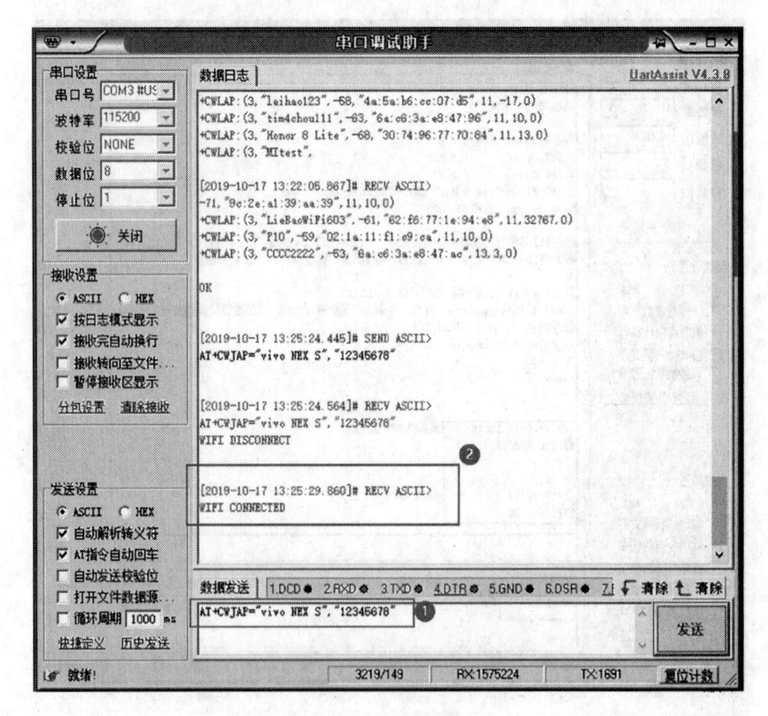

图 5-34　连接热点

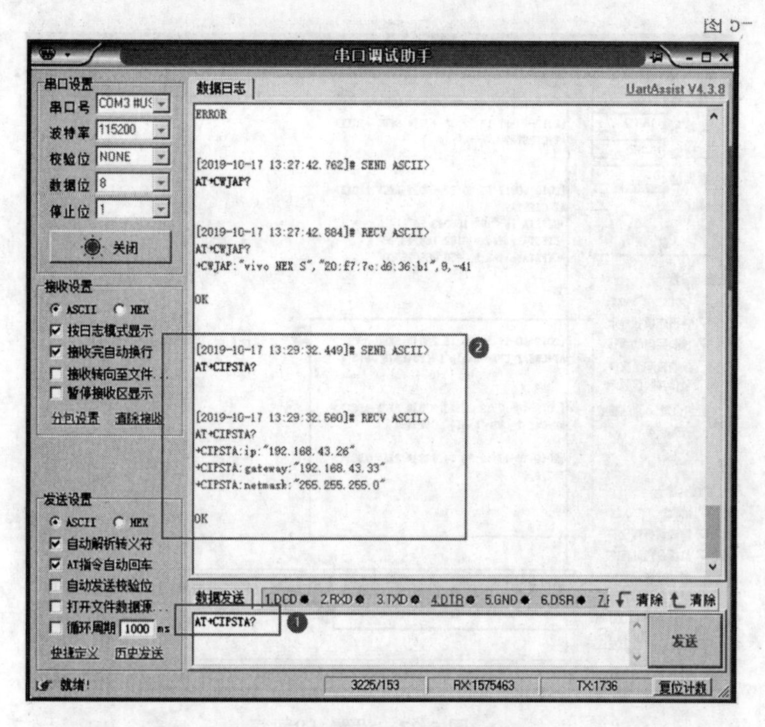

图 5-35　查看当前连接的热点

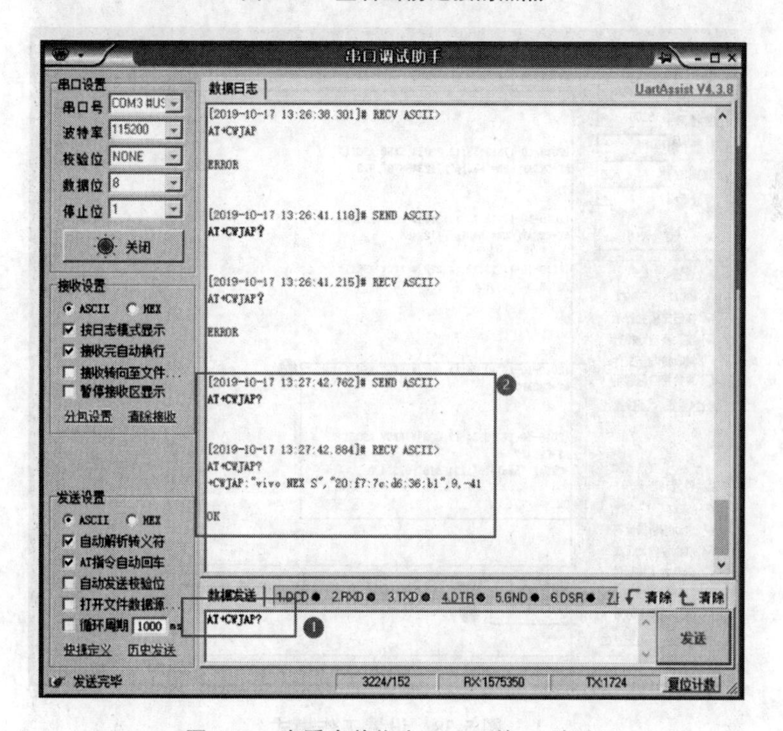

图 5-36　查看当前作为 Station 的 IP 地址

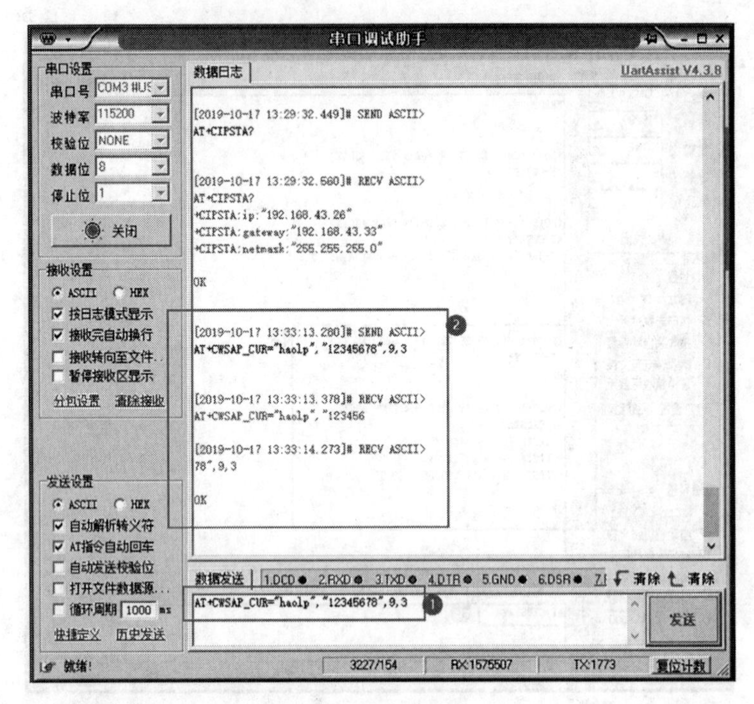

图 5-37　设置 AP

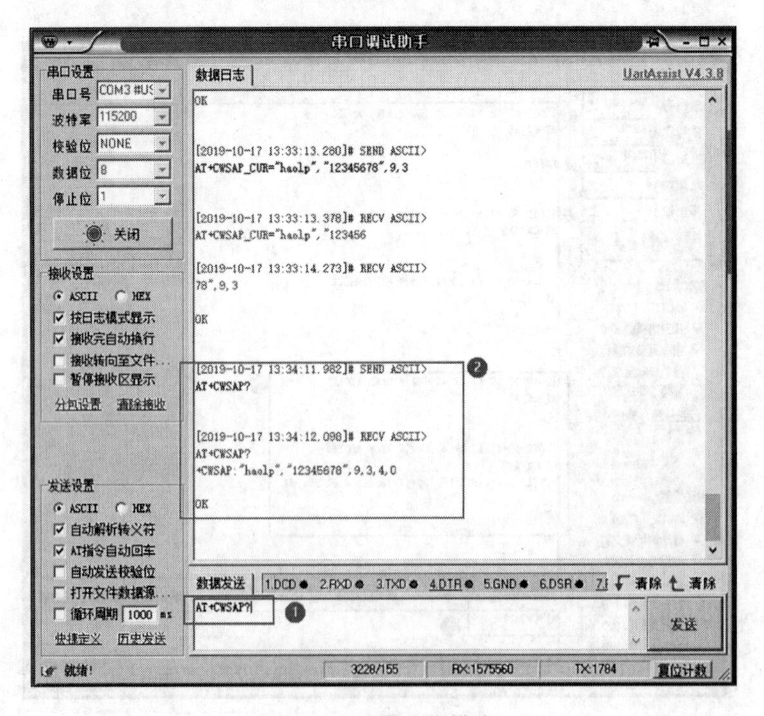

图 5-38　设置工作模式

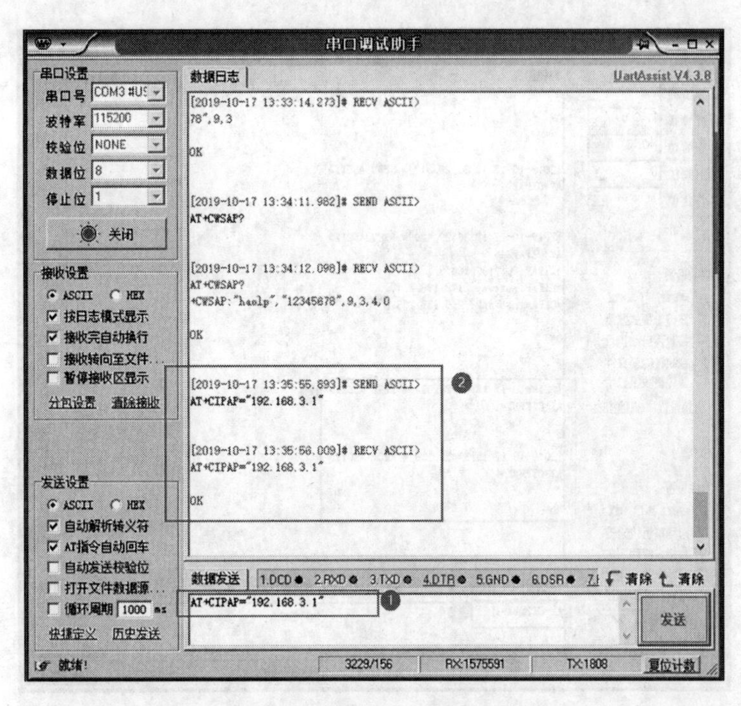

图 5-39　配置本 AP 的 IP 地址

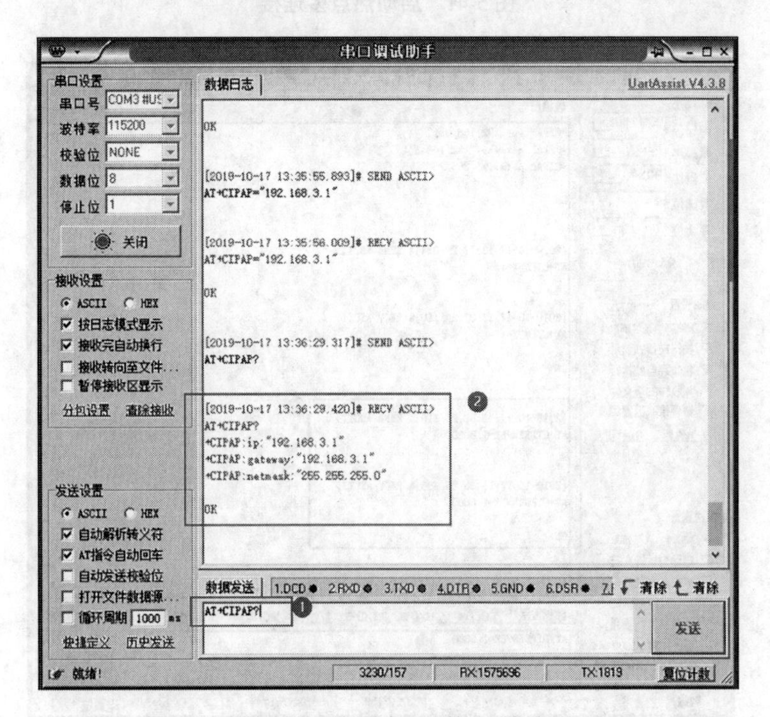

图 5-40　查看本 AP 的 IP 地址

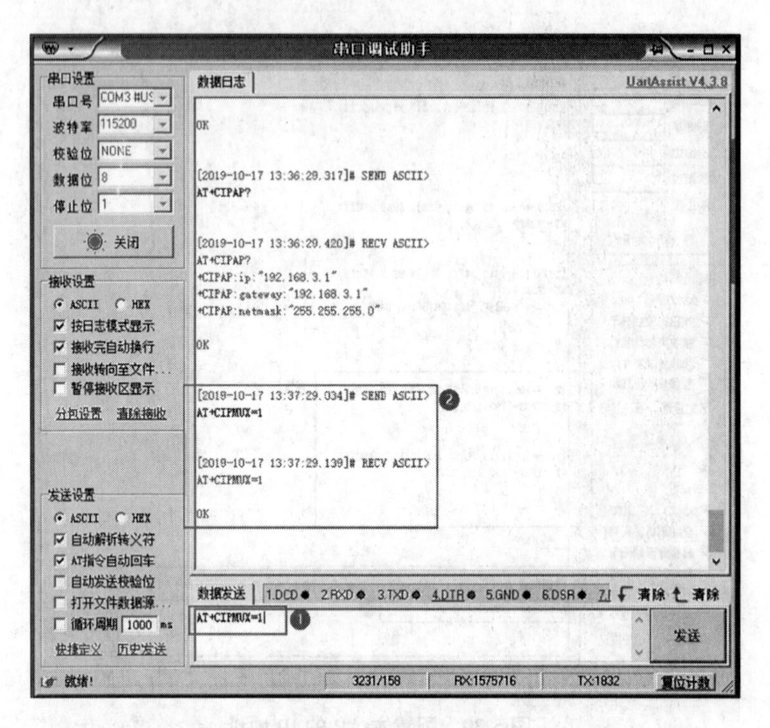

图 5-41　启动热点多连接

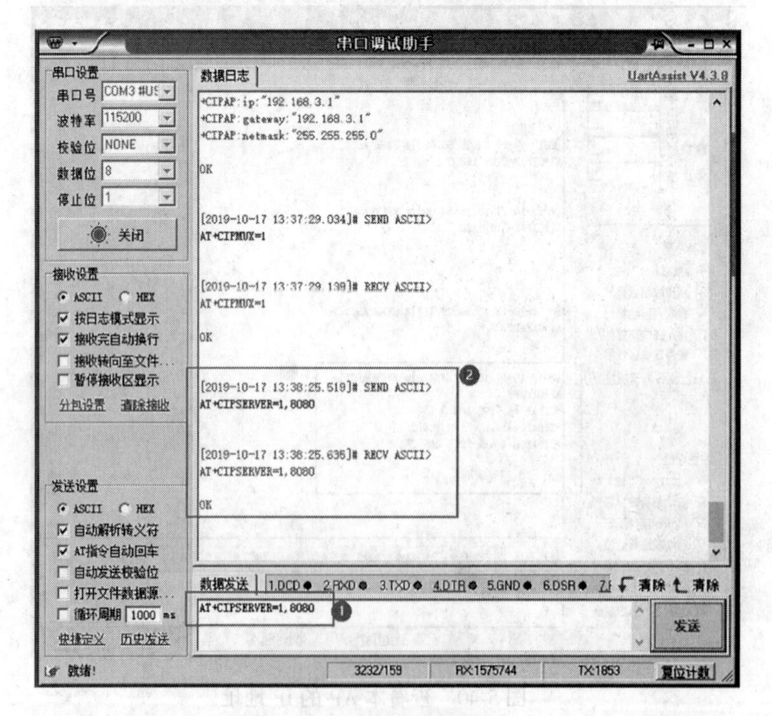

图 5-42　启动服务器模式

图 5-43　查看本 WI-FI 模块的 IP 地址

5.2.3　硬件连接

用 AT+CWQAP 断开现有热点的连接，如图 5-44 所示连接 M3 主控模块和 Wi-Fi 模块，注意 Wi-Fi 模块的 JP2 拨到右边 J6 处，此时 Wi-Fi 模块不占用 NEWLab 的串口。

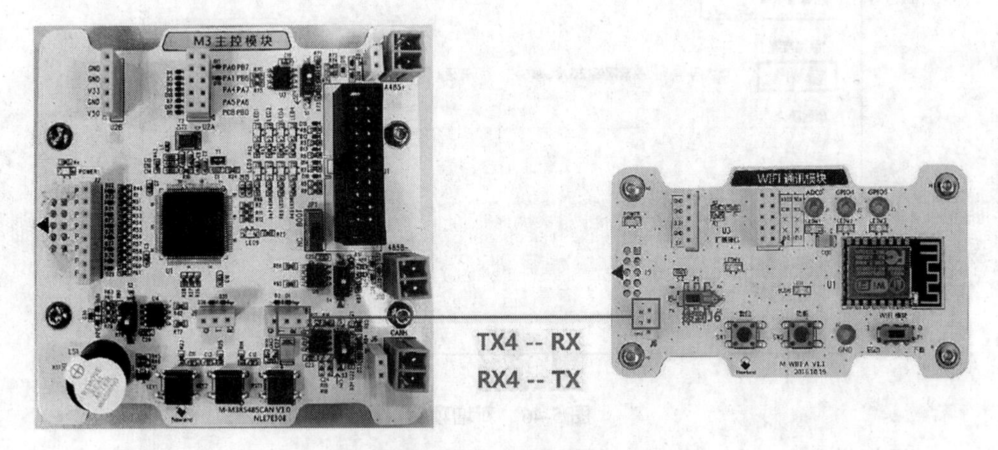

图 5-44　硬件连接图

5.2.4　云平台创建工程

(1)注册并登录物联网云平台,网页界面见图 5-45。

图 5-45　登录云平台

(2)新增项目“Wi-Fi 连接云平台 test1”,如图 5-46 所示。

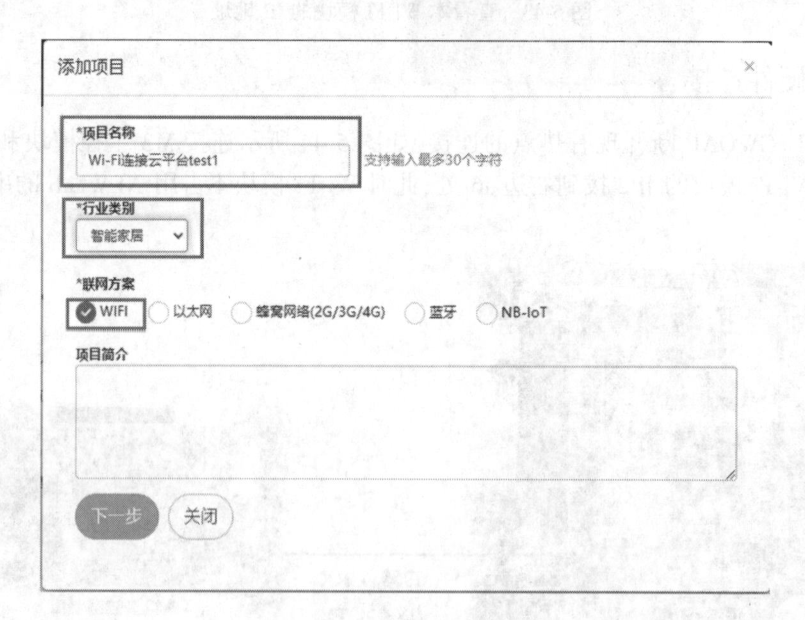

图 5-46　新增项目

(3)添加设备“esp8266 模块”,如图 5-47、图 5-48 所示。

点击该设备可以看到该设备的详细信息(见图 5-49),记录下“设备标识”和“传输密钥”。

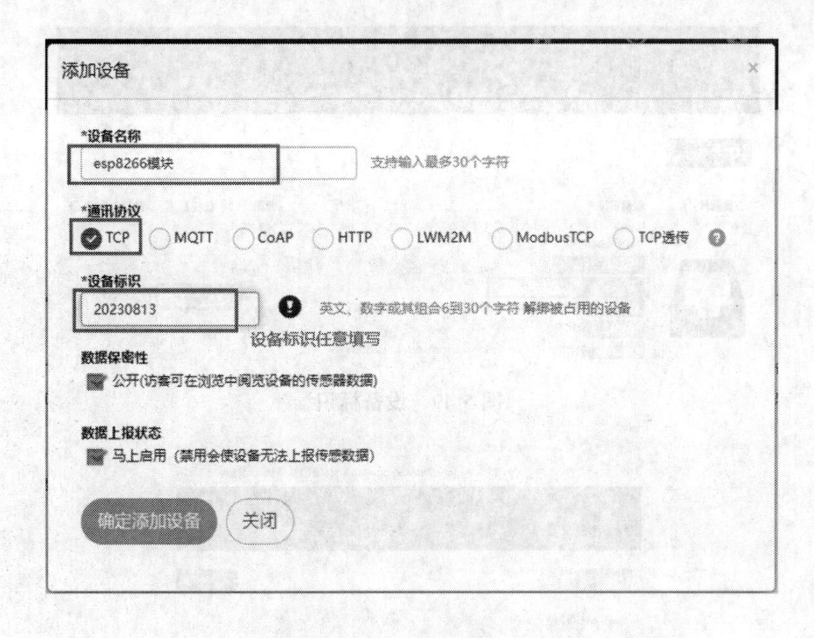

图5-47　添加设备

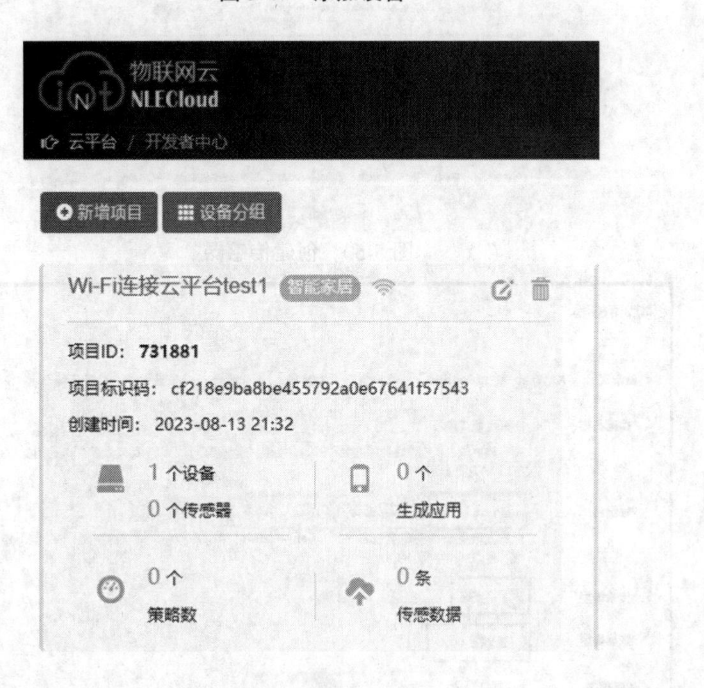

图5-48　添加设备完成

在界面中点击“马上创建一个传感器”，如图5-50所示。

输入传感器名称为“开关量传感器”，标识输入传感器名称为“alarm ”，传输类型选择“只上报”，数据类型为“整数型”，然后点击“确定”完成传感器的创建，如图5-51所示。

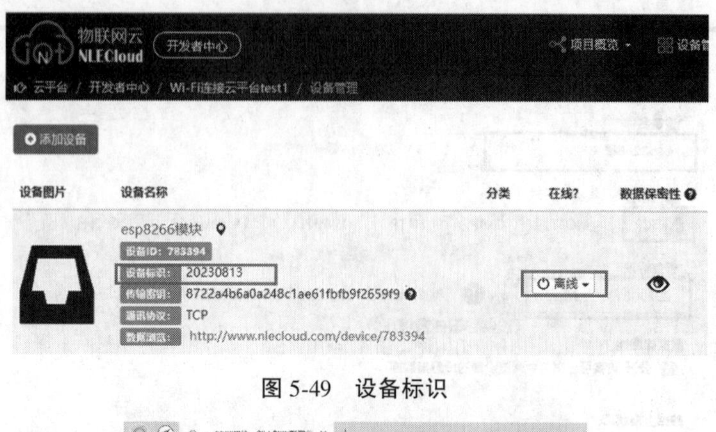

图 5-49　设备标识

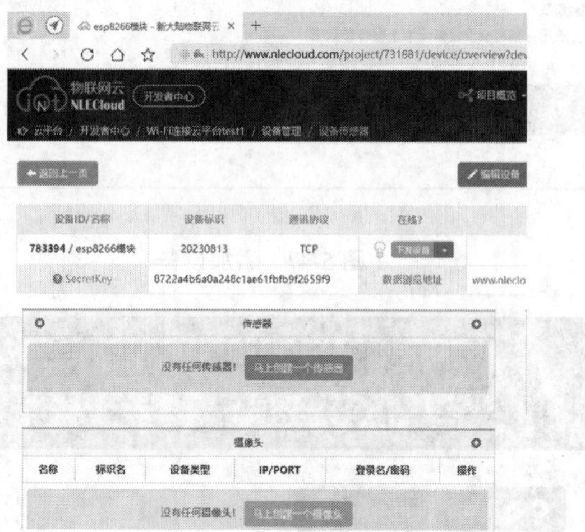

图 5-50　创建传感器

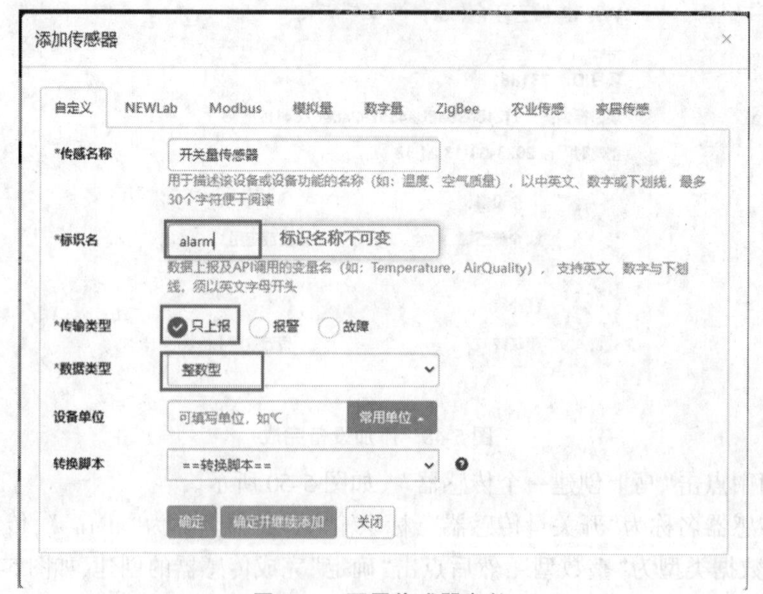

图 5-51　配置传感器参数

5.2.5　完善代码

打开资源包 .../ Wi-Fi 数据通信/M3 核心模块_连云平台/project/WiFiToCloud - M3. uvprojx。

(1)在 CloudReference. h 头文件中定义 Wi-Fi 连接热点名称、密码,物联网云平台 IP 地址、端口号,设备标识和传输密钥。

```
#ifndef _CloudReference_h_
#define _CloudReference_h_
#define WIFI_AP"thy"                    //Wi-Fi 热点名称 自定义
#define WIFI_PWD"12345678"              //Wi-Fi 密码   自定义
#define SERVER_IP"120.77.58.34"         //云平台服务器地址
#define SERVER_PORT 8600                //服务器端口号
#define MY_DEVICE_ID   "170170170"      //设备标识,与云平台一致
#define MA_SECRET_KEY "57e2d4e1b63d411eb680a03b0ef148de"//传输密钥,与云平
台一致
#endif /* _CloudReference_h_ */
```

(2)在 WiFiToCloud .c 的 int8_t ESP8266_IpStart()函数中,通过 AT 指令设置 Wi-Fi 通信模块连接服务器 IP 地址和端口号。

```
int8_t ESP8266_IpStart(char *IpAddr, uint16_t port)
    {
        uint8_t IpStart[MAX_AT_TX_LEN];
        emset(IpStart, 0x00, MAX_AT_TX_LEN);
        ClrAtRxBuf();
        sprintf((char *)IpStart,"AT+CIPSTART=\"TCP\",\"%s\",%d",IpAddr,
port);
        SendAtCmd((uint8_t *)IpStart,strlen((const char *)IpStart));
        delay_ms(1500);
        f(strstr((const char *)AT_RX_BUF, (const char *)"OK") == NULL)
            {
                return -1;
            }
        printf("connect to  cloud success!! SERVER_IP        120.77.58.34 SERVER_
PORT8600\r\n");
        return 0;
}
```

(3)在 WiFiToCloud. c 的 int8_t ESP8266_IpSend()函数中,通过 AT 指令配置 Wi-Fi 通信模块传输数据和数据长度。

```
int8_t ESP8266_IpSend(char * IpBuf, uint8_t len)
    {
        uint8_t TryGo = 0;
        int8_t error = 0;
        uint8_t IpSend[MAX_AT_TX_LEN];
        memset(IpSend, 0x00, MAX_AT_TX_LEN);
        ClrAtRxBuf();
        sprintf((char * )IpSend,"AT+CIPSEND=%d",len);
        SendAtCmd((uint8_t * )IpSend,strlen((const char * )IpSend));
        delay_ms(3);
        if(strstr((const char * )AT_RX_BUF, (const char * )"OK") == = NULL)
        {
            return -1;
        }
        ClrAtRxBuf();
        SendStrLen((uint8_t * )IpBuf, len);
        for(TryGo = 0; TryGo<60; TryGo++)
        {
        if(strstr((const char * )AT_RX_BUF, (const char * )"SEND OK") = =
NULL)
            {
                error = -2;
            }
            else
            {
                error = 0;
                break;
            }
            delay_ms(100);
        }
            return error;
    }
```

(4)在 WiFiToCloud. c 的 int8_t ConnectToServer 函数中,通过 AT 指令配置 Wi-Fi 通信模块将 M3 主控模块接入云平台。

```
int8_t ConnectToServer(char * DeviceID, char * SecretKey)
{
    uint8_t TryGo = 0;
    int8_t error = 0;
    uint8_t TxetBuf[MAX_AT_TX_LEN];
```

```
memset(TxetBuf,0x00,MAX_AT_TX_LEN);
    for(TryGo = 0; TryGo<3; TryGo++)
    {
        if(ESP8266_SetStation() == 0)
        {
            error = 0;
            break;
        }
        else
        {
            error = -1;
        }
    }
    if(error < 0)
    {
        return error;
    }
    for(TryGo = 0; TryGo<3; TryGo++)
    {
        if(ESP8266_SetAP((char *)WIFI_AP, (char *)WIFI_PWD) == 0)
        {
            error = 0;
            break;
        }
        else
        {
            error = -2;
        }
    }
    if(error < 0)
    {
        return error;
    }
    for(TryGo = 0; TryGo<3; TryGo++)
    {
        if(ESP8266_IpStart((char *)SERVER_IP,SERVER_PORT) == 0)
        {
                error = 0;
```

```
                break;
            }
            else
            {
                error = -3;
            }
        }
        if(error < 0)
        {
            return error;
        }

        sprintf((char *)TxetBuf,"{\"t\":1,\"device\":\"%s\",\"key\":\"%s
\",\"ver\":\"v0.0.0.0\"}",DeviceID,SecretKey);
        if(ESP8266_IpSend((char *)TxetBuf, strlen((char *)TxetBuf)) < 0)
        {
            error=-4;
        }
        else
        {//发送成功
          for(TryGo = 0; TryGo<50; TryGo++)
          {
        if(strstr((const char *)AT_RX_BUF, (const char *)"\"status\":0")==
NULL)
            {
                error = -5;
            }
            else
            {
                error = 0;
                break;
            }
            delay_ms(10);
          }
        }
        return error;
    }
```

编译程序后进行程序的下载,下载时,应将M3主控模块上的JP1拨到BOOT位置,程序下载成功后将JP1拨到NC位置,并按一下M3主控模块上的复位按钮。

5.2.6　结果验证

在云平台“设备管理”中,选择“实时数据开 ”,可以看到实时上报的传感器数据,如图5-52所示。

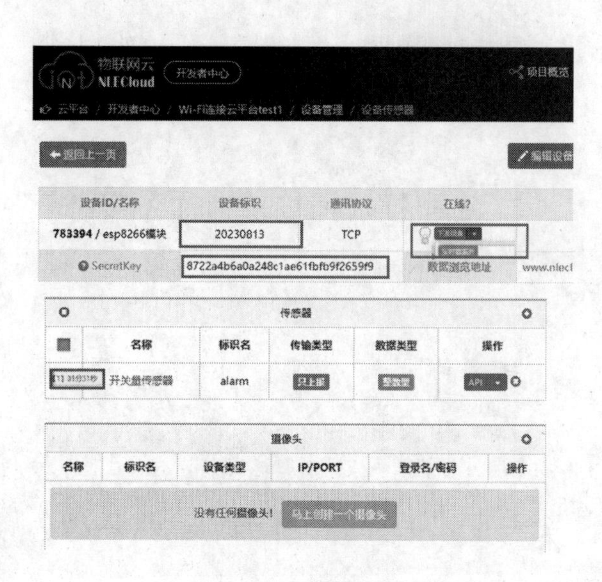

图5-52　结果验证

小　结

本项目介绍了短距离无线通信中的ZigBee组网通信和Wi-Fi通信。介绍了BasicRF通信应用的开发,以组网案例为基础,将传感器组成BasicRF无线传感网络实现数据采集和汇聚。Wi-Fi通信组网使用ESP826Wi-Fi通信模块,使用AT指令分别为配置Wi-Fi soft-AP工作模式、配置Wi-Fi station工作模式、配置Wi-Fi soft-AP工作模式+station工作模式。

练　习

1. BasicRF的工作频率一般在哪些频段?
2. BasicRF的数据传输速率范围一般为多少?
3. BasicRF通常使用哪种接口进行通信?
4. ZigBee采用哪种通信协议?
5. ZigBee的网络容量最多可支持多少个节点?

6. ZigBee 在安全性方面具有哪些特点？

7. 什么是 Wi-Fi？它是一种什么类型的无线通信技术？

8. Wi-Fi 的工作频率一般在哪个频段？它可以支持哪些不同的频段？

9. Wi-Fi 的应用场景有哪些？举例说明 Wi-Fi 在哪些领域得到了广泛的应用？

项目6　低功耗广域网通信应用开发

【学习目标】

1. 了解NB-IoT。
2. 掌握NB-IoT数据传输方法。
3. 掌握Flash Programmer代码烧写工具的使用。
4. 了解LoRa技术的基本知识。
5. 了解LoRa通信协议的用途。
6. 掌握简单的LoRa模块数据对传的方法。
7. 掌握LoRa通信协议的使用方法。

动画6-1　NB-IOT在城市中的应用

【案例导入】

案例一：智慧停车

在城市交通拥堵的情况下，智慧停车系统可以帮助车主快速找到空闲停车位，减少车辆的等待和拥堵时间。通过NB-IoT技术，可以实现地下停车场内的车位监测和空位信息传输。当有车辆进入或离开停车位时，传感器会自动感知并将信息发送到云端，系统可以实时更新停车位状态。车主可以通过手机APP或路标看到停车位的分布和实时空位信息，从而快速找到空闲停车位，减少车辆的等待和拥堵时间。

案例二：智慧照明

在城市的公共场所和街道照明方面，智慧照明系统可以根据环境光照和人流量等因素，智能调节灯光亮度和时间，从而实现节能和环保。通过NB-IoT技术，可以实现智能灯杆的组网，进行灯光控制和数据监测。传感器可以感知环境光照和人流量等数据，并将数据上传到云端进行分析和处理。系统可以根据数据进行智能调节，从而实现节能和环保。此外，智慧照明系统还可以通过手机APP或路标进行远程控制，实现灯光亮度和时间的调节。

案例三：环境监测

在城市的环境监测方面，智慧环境系统可以监测城市的空气质量、噪声、温度和湿度等参数，从而实现环境保护和健康监测。通过LoRa技术，可以实现传感器网络的组网，进行数据监测和分析。传感器可以感知环境参数，并将数据上传到云端进行处理和分析。系统可以根据数据进行智能调节，如调节空气净化器、调节路灯亮度等。此外，智慧环境系统还可以通过手机APP或路标进行实时监测和远程控制，从而实现环境保护和健康监测。

以上是基于NB-IoT和LoRa的一些智能城市应用案例。需要注意的是，在智能城市的应用中，NB-IoT和LoRa技术可以结合其他技术一起使用，如人工智能、云计算等，在本项目中，我们将详细讲解这两种广域组网技术的相关知识。

【思政导引】

低功耗广域通信技术的应用有助于降低电力消耗,减少环境污染,培养学生环境保护意识。通过案例分析、任务实施操作等方式,引导学生了解低功耗广域通信技术在环境保护方面的作用,培养学生环境保护意识。

低功耗广域通信技术的应用有助于提高公共服务的效率和质量,培养学生公共服务意识。通过分析和讨论,引导学生了解低功耗广域通信技术对公共利益的贡献和影响,培养学生公共意识。

6.1　任务一　远程灯光控制系统

➤任务描述

本任务使用 NB05-01 模组将 MCU 采集到的光照数据接入物联网云平台。在已有的工程中进行相关代码添加并编译工程,接着将生成的 .hex 文件烧写到 NB-IoT 模块中,实现将光照传感数据通过 NB-IoT 网络传送到物联网云平台,最后在物联网云平台上创建项目、查看上传的光照数据,并下发命令控制灯的亮灭。系统拓扑如图 6-1 所示。

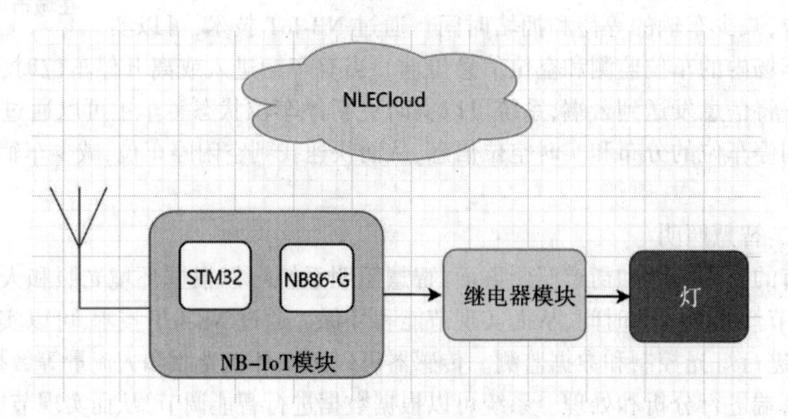

图 6-1　系统拓扑图

➤ 知识精讲

6.1.1　NB-IoT 联网通信

6.1.1.1　NB-IoT 通信应用开发

1. NB-IoT 简介

NB-IoT(Narrowband Internet of Things,窄带物联网)是一种低功耗、低成本、广覆盖的无线通信技术,专门用于物联网设备的连接和数据传输。NB-IoT 是 3GPP(第三代合作伙伴计划)标准的一部分,采用窄带调制方式,能够在低功耗、宽覆盖、室内外环境等各种复杂条件下实现可靠的无线连接和数据传输。

NB-IoT 的主要特点如下：

(1)低功耗。NB-IoT 采用低功耗调制方式，能够在较低的功耗下实现数据传输和通信，因此非常适用于电池供电的物联网设备。

(2)宽覆盖。NB-IoT 采用窄带调制方式，具有较好的穿透力和抗干扰能力，能够在复杂的室内和室外环境下实现广泛的覆盖。

(3)低成本。NB-IoT 的硬件成本和维护成本相对较低，可以降低物联网设备的制造成本和运营成本。

(4)大容量。NB-IoT 具有较高的数据传输速率和大容量，能够支持大规模的物联网设备连接和数据传输需求。

(5)安全性。NB-IoT 采用加密和身份验证等多种安全措施，能够保护数据的安全性和隐私性。

NB-IoT 的应用场景非常广泛，包括智能家居、智能城市、智能交通、工业自动化等领域。通过 NB-IoT 技术，可以实现智能设备的互联互通，实现实时监测、远程控制、数据采集和分析等功能，提高设备的智能化和效率，同时也能够带来更加便捷、安全和舒适的生活体验。

2. NB-IoT 网络架构

NB-IoT 网络体系架构包括设备侧和网络侧两部分，主要由以下组成部分：

(1)设备侧。设备侧由 NB-IoT 设备和设备侧协议栈组成。NB-IoT 设备通常由 NB-IoT 模组和传感器等组件组成，可以采集数据、进行处理和传输。设备侧协议栈包括物理层(PHY)、数据链路层(DLL)和应用层，用于控制和管理设备的通信、数据传输和设备状态等。

(2)网络侧。网络侧分为无线接入网和核心网两部分。

①无线接入网。无线接入网是 NB-IoT 网络的关键组成部分，主要由物理层、无线资源管理平台、控制面协议栈和用户面协议栈等组件构成。无线接入网负责 NB-IoT 设备的接入、信号传输和资源管理等，其中物理层负责调制解调和射频传输，无线资源管理平台负责资源分配和信道管理，控制面协议栈负责设备的注册和鉴权，用户面协议栈负责数据传输和协议转换等。

②核心网。核心网主要由用户数据管理平台、策略控制平台和会话管理平台等组件构成。核心网负责管理用户数据、控制策略和管理会话等，其中用户数据管理平台(UDM)负责管理用户数据，策略控制平台(PCF)负责控制策略和安全管理，会话管理平台(SMF)负责管理设备的会话和路由等。

NB-IoT 网络体系架构是一种分层和分布式的架构，通过各个组件之间的协作和连接，实现物联网设备的连接和数据传输。设备侧负责实现设备的数据采集、处理和传输等功能，无线接入网负责实现设备的接入、信号传输和资源管理等功能，核心网负责实现用户数据管理、策略控制和会话管理等功能。整个 NB-IoT 网络体系架构能够实现低功耗、广覆盖、高可靠、大容量、安全可控等特点，适用于各种物联网应用场景。

3. NB-IoT 部署方式

NB-IoT 的部署方式主要包括三种:独立部署、保护带部署和带内部署。

(1)独立部署。独立部署是指在现有的基础设施上建立一个全新的 NB-IoT 网络,不与现有网络共享任何设备或资源。这种部署方式需要独立的基站、核心网和管理系统等设备,部署成本较高,但可以提供更好的网络性能和服务质量。

(2)保护带部署。保护带部署是指将 NB-IoT 网络与现有的 GSM 或 LTE 网络共存,共享基站和核心网等设备和资源。这种部署方式可以在不增加网络建设成本的情况下实现 NB-IoT 网络的快速部署和覆盖,但共存可能会影响网络性能和服务质量。

(3)带内部署。带内部署是指将 NB-IoT 网络融合到现有的 LTE 网络中,共享基站和核心网等设备和资源。这种部署方式可以实现全面覆盖和高效资源利用,同时也能提高网络性能和服务质量。但融合部署需要更高的技术和设备支持,部署成本较高。

在选择 NB-IoT 部署方式时,需要考虑实际应用场景、网络覆盖范围和部署成本等因素,选择最适合的部署方式。同时,不同的部署方式也需要考虑网络架构、设备配置和管理系统等方面的问题,以确保网络的稳定性和可靠性。

6.1.1.2 NB-IoT 模组

NB-IoT 模组是一种专门用于 NB-IoT 通信的模块,通过该模块可以实现物联网设备的连接和数据传输。NB-IoT 模组一般集成了 NB-IoT 调制解调器和微控制器等组件,具有较小的尺寸和低功耗等特点,可以方便地嵌入各种物联网设备中。目前市场上常见的 NB-IoT 模组厂商包括华为、中兴、高通、爱立信、泰克等,其中华为的 NB-IoT 芯片和模组已经应用于全球各地,成为业内的领先厂商。

利尔达 NB86 系列模块是基于 HISILICON Hi2110 的 Boudica 芯片开发的,该模块为全球领先的 NB-IoT 无线通信模块,符合 3GPP 标准,支持 Band1、Band3、Band5、Band8、Band20、Band28 不同频段的模块,具有体积小、功耗低、传输距离远、抗干扰能力强等特点。

NB86-G 系列模块是利尔达推出的一款支持全球多频段的 NB-IoT 模块,具有以下主要特性:

(1)支持全球多频段。NB86-G 系列模块支持全球多个频段,包括 B1/B2/B3/B4/B5/B8/B12/B13/B18/B19/B20/B25/B26/B28/B66 等,适用于全球范围内的物联网应用场景。

(2)低功耗和高性能。NB86-G 系列模块采用低功耗技术,可以在电池供电下实现长时间的工作。同时,该模块集成了 NB-IoT 调制解调器和微控制器等组件,支持多种接口和协议,可以实现高速数据传输和丰富的功能。

(3)宽覆盖和高可靠。NB86-G 系列模块采用 NB-IoT 技术,具有较好的穿透力和抗干扰能力,能够在复杂的室内和室外环境下实现广泛的覆盖。同时,该模块还支持多种安全加密机制,保证数据传输的安全和可靠性。

(4)易于集成和部署。NB86-G 系列模块采用标准化接口和开发工具,易于集成到各种物联网设备中,支持快速开发和部署,同时还提供了完善的开发工具和技术支持。

➢ 任务实施

6.1.2　完善工程代码

6.1.2.1　完善 wait_nbiot_start( )

当 NB05-01 模组启动成功,会返回“OK”,方法 wait_answer(char * str)用于解析 USART2 接收到的 AT 指令的执行结果回应。如果 AT 指令的执行结果回应是“OK”,则说明 NB05-01 模组启动成功,否则调用 nb_reset( )使 NB05-01 模组复位并一直等待到 NB05-01 模组启动成功,方法 wait_nbiot_start ( ) 才执行结束。在 user_ cloud. c 文件中找到 void wait_nbiot_start(void) 方法,填写以下代码:

```
void wait_nbiot_start(void)
{
    int timeOut = 0;
    printf("waite NBIOT Start\r\n");
    while(1)
    {
            HAL_Delay(1000);
            if(wait_answer("OK") == 0)
            {
                    printf("NBIOT Start\r\n");
                    break;
            }
            if(timeOut > 10)
            {
                    timeOut = 0;
                    nb_reset();
                    printf("waite NBIOT Start\r\n");
            }
            timeOut++;
    }
}
```

6.1.2.2　完善 nbiot_config( ) 用于配置 NB

在 user_cloud. c 文件中找到 void nbiot_config(void)函数,补充以下代码:

```
void nbiot_config(void)
{   //开启芯片所有功能
    send_AT_command("AT+CFUN=%d\r\n",1);
```

```
    wait_answer("OK");              //查询信号连接状态
    send_AT_command("AT+CSCON=%d\r\n", 0);
    wait_answer("OK");
    send_AT_command("AT+CEREG=%d\r\n", 2);
    wait_answer("OK");              //开启下行数据通知
    send_AT_command("AT+NNMI=%d\r\n", 1);
    wait_answer("OK");              //打开与核心网的连接
    send_AT_command("AT+CGATT=%d\r\n", 1);
    wait_answer("OK");
}
```

6.1.2.3　完善 link_server( ) 用于连接服务器

在 user_cloud.c 文件中找到 void link_server(void),填写需要连接的 IoT 平台的地址 IP 和 CoAP 协议端口 5683。

```
void link_server(void)
{
        //link sever
send_AT_command("AT+NCDP=%s,%d\r\n", "117.60.157.137", 5683);
    wait_answer("OK");

        //wait OK
}
```

6.1.2.4　完善 send_data_to_cloud( ) 用于上报数据到云平台

在 user_cloud.c 文件中找到 send_data_to_cloud( )方法,补充以下代码:

```
void send_data_to_cloud(int illumination,uint8_t light_status)
{
    uint8_t send_buf[128] = {0};
    RTC_TimeTypeDef gTime;
    RTC_DateTypeDef gDate;
    HAL_RTC_GetTime(&hrtc, &gTime, RTC_FORMAT_BIN);
    HAL_RTC_GetDate(&hrtc, &gDate, RTC_FORMAT_BIN);
    //time_cal(1, &gDate.Year, &gDate.Month, &gDate.Date, &gTime.Hours);
    sprintf((char *)send_buf, "\
    %02X%02X%02X\
    %02X%02X%02X\
    %02X%02X\
    %02X%02X%02X%02X%02X%02X%02X%02X\",
    0x4a,0x00,0x00,
    0x01,(illumination & 0xff00) >> 8, (illumination & 0x00ff),
```

```
0x02, light_status,
    0x04,20, gDate. Year, gDate. Month, gDate. Date, gTime. Hours, gTime. Minutes,
gTime. Seconds);
    printf("send sensors data:AT+NMGS=%d,%s\r\n", (strlen((char *)send_buf)/
2),send_buf);
    send_AT_command("AT+NMGS=%d,%s\r\n", (strlen((char *)send_buf)/2),
send_buf);
}
```

6.1.3　硬件搭建

把 NB-IoT 模块的 PA8 线连接到继电器模块的 J2 口,继电器模块的 J9(NO1)接到灯的正极“+”,继电器模块的 J8(COM1)接到 NEWLab 平台的 12 V 的负极“-”,灯的负极“-”接到 NEWLab 平台的 12 V 的正极“+”,如图 6-2 所示。

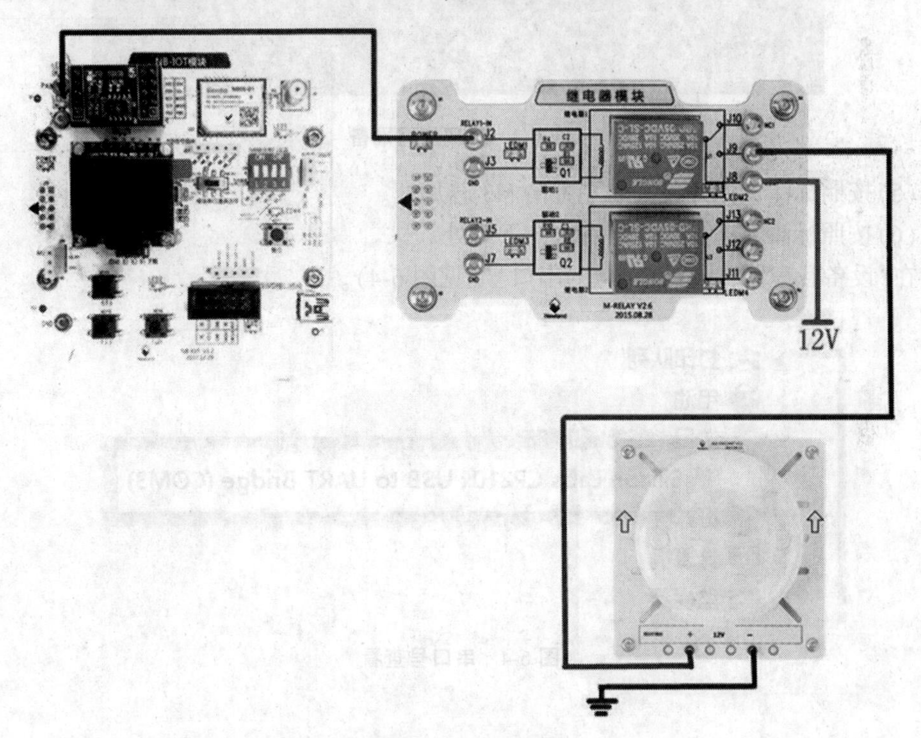

图 6-2　硬件连接图

6.1.4　代码烧写

烧写前需要做以下准备(见图 6-3):

(1)把 NB-IoT 模块按图中方向放置于 NEWLab 平台上。

(2)按照标注 1 连接串口线,按照标注 2 连接电源线。

(3)按照标注 3 开关旋钮至通信模式。

(4)按照标注 4 把拨码开关 1、2 向下方向拨,3、4 向上方向拨。

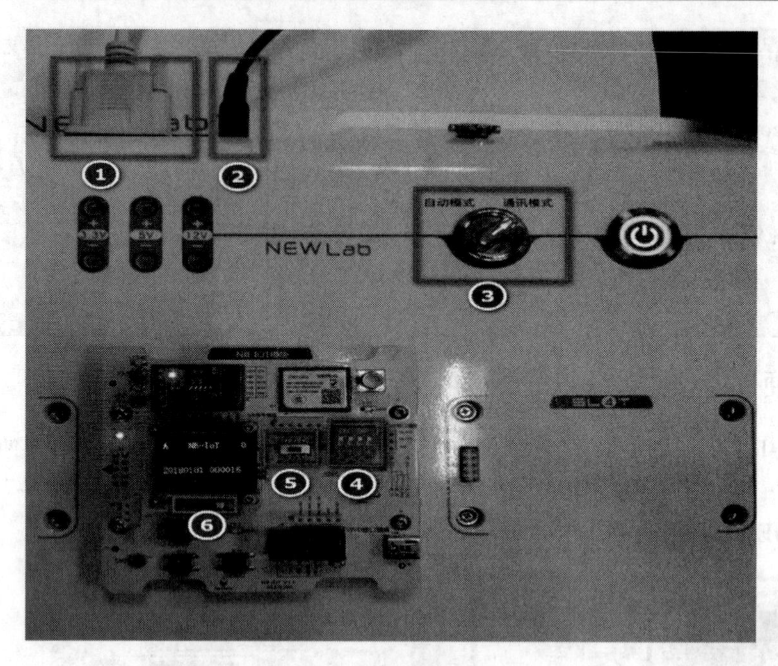

图 6-3　代码烧写准备

(5) 按照标注 5 把开关拨向左方向 M3 芯片处。

(6) 按照标注 6 把开关拨向右方向下载处。

在"设备管理器"中查看对应的串口号(见图 6-4)。

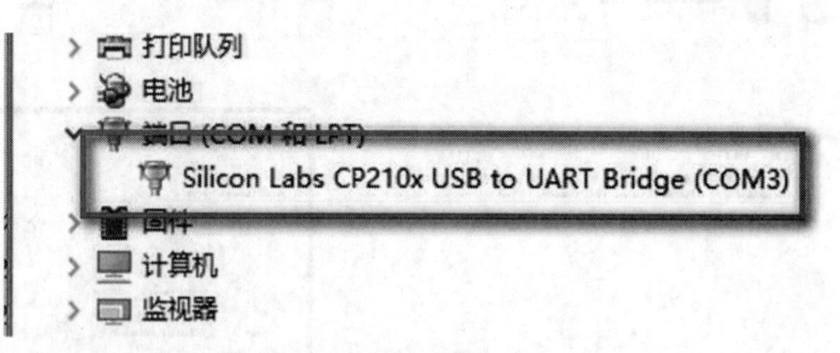

图 6-4　串口号查看

打开 STMFlashLoader Demo 软件,在 Port Name 下拉列表框中选择串口,点击 Next 命令按钮(见图 6-5)。

软件读到硬件设备后,点击 Next 命令按钮(见图 6-6)。

选择 MCU 型号为 STM32L1_Cat1-128k,点击 Next 命令按钮(见图 6-7)。

选中 Download to device 单选按钮,选择 xxx. hex 下载程序对应的路径,点击 Next 命令按钮(见图 6-8)。

下载完成后断电,在 NB-IoT 模块反面插好卡,JP1 拨到"启动"、接好光照传感器、接好天线,重启模块。

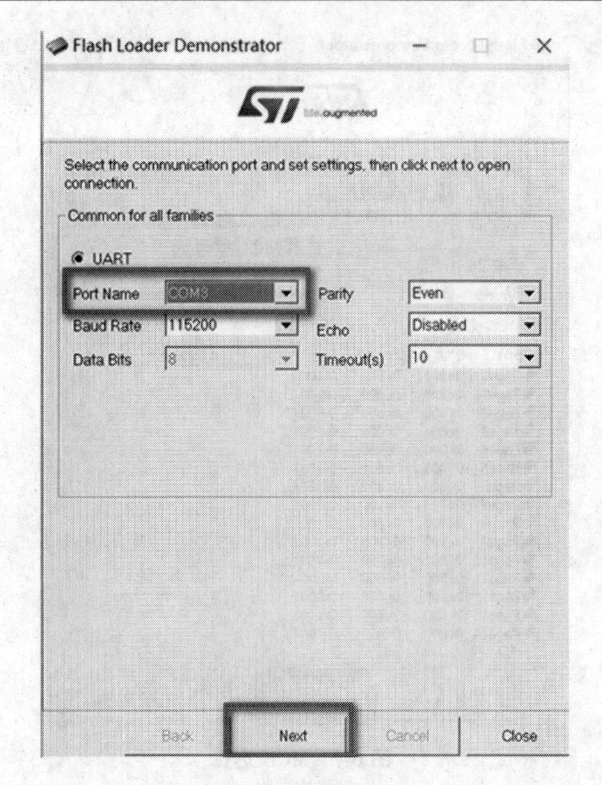

图 6-5　串口号选择

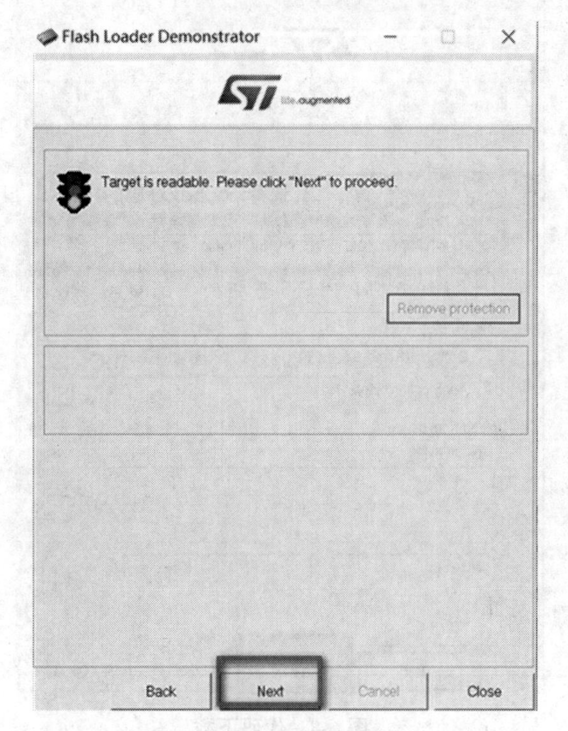

图 6-6　硬件设备配置完成

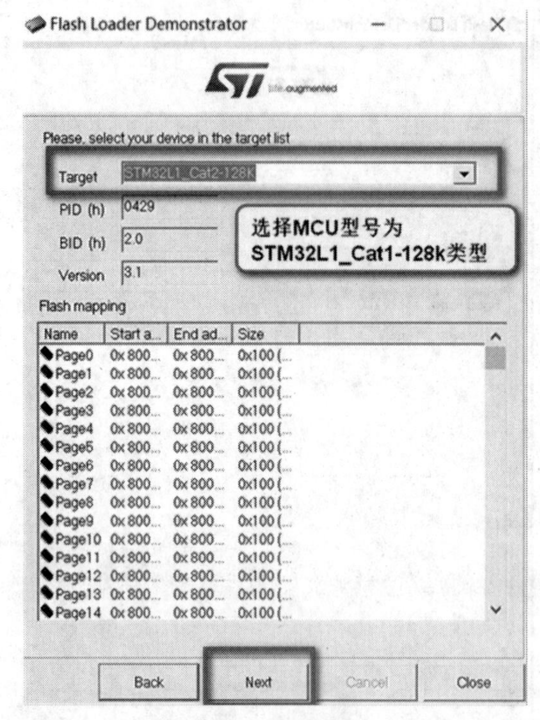

图 6-7　MCU 选择

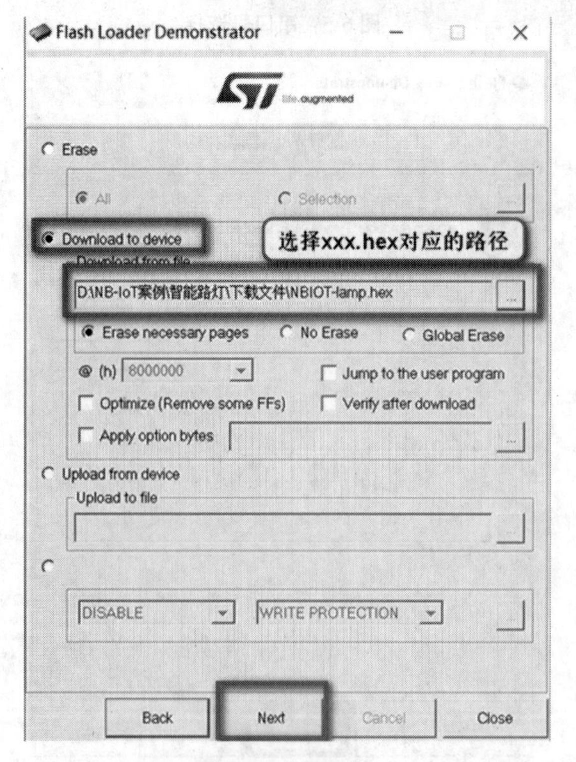

图 6-8　代码下载

6.1.5　云平台创建项目

(1)登录云平台界面如图 6-9 所示。

图 6-9　登录云平台

(2)单击新增项目,给项目取名为“NB-IoT 项目”,行业类别选“智能家居”,联网方案选“NB-IoT”,点击“下一步”完成项目创建(见图 6-10)。

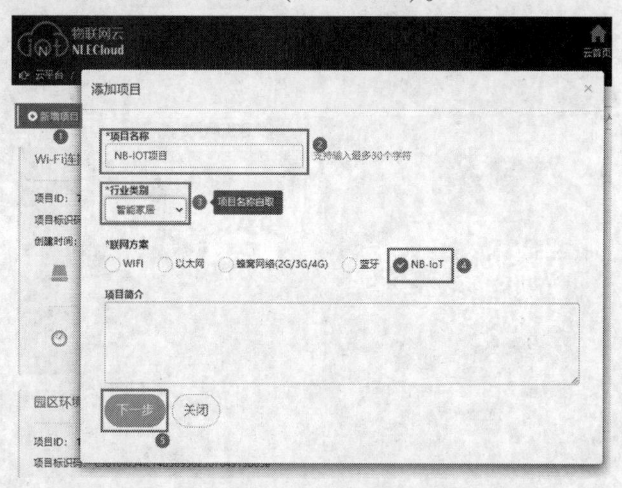

图 6-10　新增项目

(3)添加 NB-IoT 设备,如图 6-11 所示。

6.1.6　结果验证

模块上电,显示“已连接”表示与云平台连接成功。

KEY2 可手动控制灯的亮灭,KEY3 可切换模式,单击按键 KEY3:当 OLED 最后一行显示 M,表示手动控制,可通过云平台或 KEY2 控制灯的亮灭;当 OLED 最后一行显示 A,表示自动控制。根据光照传感器采集到的数灯的亮灭,当光照强度小于 3,会自动开灯;当光照强度大于 (开灯后的光照值 +1),会自动熄灯(见图 6-12、图 6-13)。

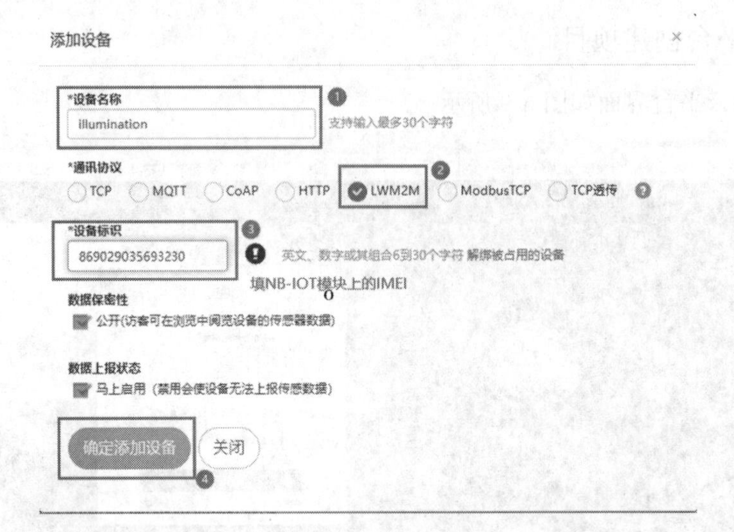

图 6-11　添加设备

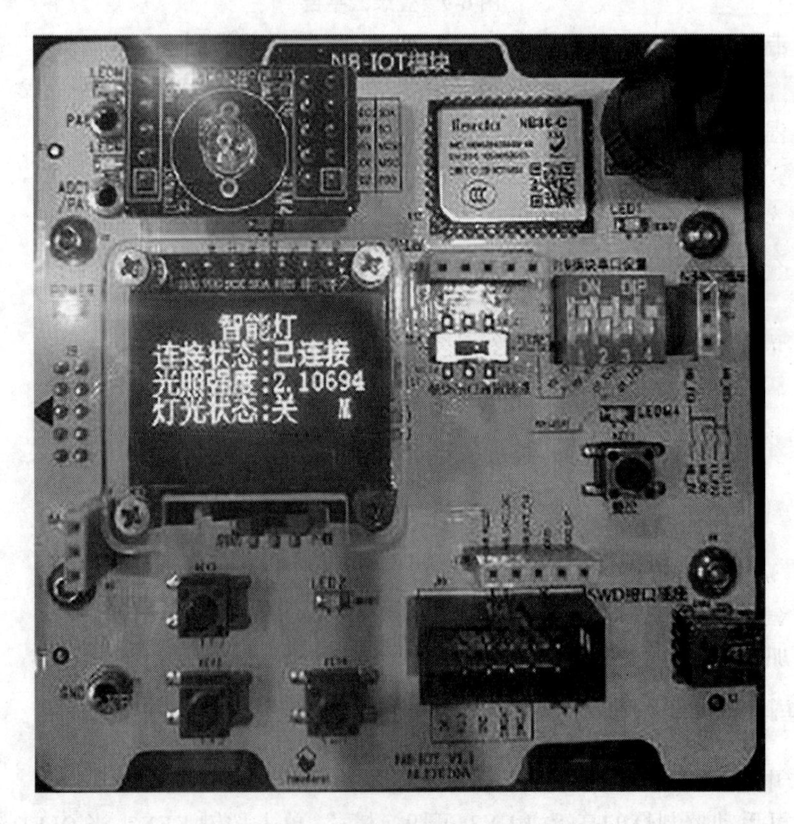

图 6-12　模块连接成功

图 6-13　云平台数据显示

6.2　任务二　农场 LoRa 网络构建

➤ 任务描述

在智慧农业种植过程中，节约成本，了解农作物生长是十分有必要的，这时候就需要使用温湿度、光照、二氧化碳、酸碱度等传感器来对农作物以及农产品的生长环境进行检测，了解农作物的灌溉以及生长情况，降低水资源和光资源的消耗，很多偏远农场牧场并没有覆盖蜂窝网络，这时使用 LoRa 技术搭建私有物联网就可以将农作物的数据定期上传，做到远程精细化管理。本任务要为基于 LoRa 的农场精细化种植系统搭建一个 LoRa 通信网络，实现各节点之间的数据双向收发功能。具体要求如下：

(1)主节点与从节点之间通过 LoRa 通信技术进行连接。

(2)主节点每隔 3 s 向从节点 1 发送“ping”消息，并在其后加入消息序号，如“ping0001”“ping0002”等。

(3)从节点 1 收到“ping”消息后翻转其上的 LED2 灯作为指示，同时回复“OK”消息给主节点，其后加入的消息序号格式与“ping”消息相同。

➤ 知识精讲

6.2.1　LoRa 通信

6.2.1.1　LoRa 通信应用开发

LoRa(Long Range Radio)是一种低功耗、长距离无线通信技术，是 LPWAN(LowPower Wide Area Network，低功耗广域网)通信技术的一种，适用于物联网设备的连接和数据传输。LoRa 技术由 Semtech 公司研发，可以在低功耗、低速率和长距离的条件下实现数据传输，具有广泛的应用前景。

LoRa 技术的主要特点如下：

(1)长距离传输。LoRa 技术可以在城市和农村等复杂环境下实现长距离传输，覆盖范围高达数公里，比传统的无线通信技术更具优势。在同样的功耗条件下比其他无线方式传播的距离更远，实现了低功耗和远距离的统一，它在同样的功耗下比传统的无线射频通信距离扩大 3~5 倍。

(2)低功耗。LoRa 技术采用低功耗设计,可以在电池供电下实现长时间的工作,非常适合用于电池供电的物联网设备。

ISM(Industrial Scientific Medical) Band,ISM Band,此频段(2.4-2.483 5 GHz)主要是开放给工业、科学、医学三个主要机构使用,该频段是属于 Free License,并没有所谓使用授权的限制。

ISM 频段在各国的规定并不统一。如在美国有三个频段 902-928 MHz, 2 400~2 483.5 MHz 和 5 725~5 850 MHz,而在欧洲 900 MHz 的频段则有部分用于 GSM 通信。

LoRa 主要在 ISM 频段运行,主要包括 433 MHz、868 MHz、915 MHz 等。

(3)低速率。LoRa 技术的数据传输速率较低,但可以通过优化协议栈和数据压缩等方式提高传输效率。

(4)安全可靠。LoRa 技术采用多重安全措施,包括数据加密和身份认证等,可以保护数据的安全性和隐私性,确保网络的安全和稳定。

(5)成本低廉。LoRa 技术的硬件成本相对较低,可以大规模应用于物联网设备的连接和数据传输。

LoRa 网络主要由终端(可内置 LoRa 模块)、网关(或称基站)、网络服务器以及应用服务器组成。应用数据可双向传输。

LoRaWAN 网络架构是一个典型的星形拓扑结构,在这个网络架构中,LoRa 网关是一个透明传输的中继,连接终端设备和后端中央服务器。终端设备采用单跳与一个或多个网关通信。所有的节点与网关间均是双向通信。

6.2.1.2　LoRa 模块

LoRa 技术是指基于 CSS(Chirp Spread Spectrum)的一种扩频调制技术。专利隶属于 SEMTECH 公司,属于私有协议。

LoRa 模块是使用基于 SEMTECH 的射频集成芯片 SX127X 的射频模块,是一款高性能物联网无线收发器,如图 6-14 所示。

图 6-14　LoRa 模块

该模块特点如下：

(1)支持超远距离传输。超远距离传输最高可达：无遮挡 15 km，市区 2~5 km。

(2)支持多种联网通信方式：支持点到点通信、GPIO 控制双向通信、串口数据透传双向通信。

(3)支持 LORAWAN 低功耗广域网协议，不同国家 LoRa 网络可互操作。

6.2.1.3　LoRa 通信协议

在工业和商用领域，不同的企业通信，不同的企业通信产品都有属于自己的私通信协议，这些协议都是根据产品的特点而设计，所以不尽相同。这些通信协议虽然有着不同的格式，却由大体类似的结构组成。

1. 请求

(1)HEAD。数据帧头，默认 0x55。

(2)CMD。命令字节，0x01=读传感数据。

(3)NET_ID。网络 ID 号，2 字节。

(4)LORA_ADDR。LoRa 地址。

(5)LEN。数据域长度(可选)。

(6)DATA。数据域(可选)。

(7)CHK。校验和，从 HEAD 到 CHK 前一个字节的和，保留低八位。

上述请求如表 6-1 所示。

表 6-1　请求内容

HEAD	CMD	NET_ID_H	NET_ID_L	LORA_ADDR	LEN	DATA	CHK
0	1	2	3	4	5	6~(n−1)	n
1 字节	1 字节	1 字节	1 字节	1 字节	1 字节	n−6 字节	1 字节
0x55	命令编号	网络 ID 高字节	网络 ID 低字节	LoRa 地址	数据域长度	数据域	SUM

2. 响应

(1)HEAD。数据帧头，默认 0x55。

(2)CMD。命令字节，0x01=读传感数据。

(3)NET_ID。网络 ID 号，2 字节。

(4)LORA_ADDR。LoRa 地址。

(5)ACK。响应，0x00——响应 OK，0x01——无数据，0x02——数据错误，其他预留。

(6)LEN。数据长度，指定域 DATA 有多少个字节。ACK 非 0x00 时，无此项。

(7) DATA。数据域,传感器名称编码后面用"(单位)"来标注单位,传感器名称编码和数值间用":"隔开,每组传感数据间用"|" 隔开。例如"voltage(mV):1256|humidity(%):68"。ACK 非 0x00 时,无此项。

(8) CHK。校验和,从 HEAD 到 CHK 前一个字节的和,保留低八位。

上述响应如表 6-2 所示。

表 6-2　响应内容

HEAD	CMD	NET_ID_H	NET_ID_L	LORA_ADDR	ACK	LEN	DATA	CHK
0	1	2	3	4	5	6	7~(n-1)	n
1 字节	1 字节	1 字节	1 字节	1 字节	1 字节	1 字节	n-7 字节	1 字节
0x55	命令编号	网络 ID 高字节	网络 ID 低字节	LoRa 地址	响应	数据域长度	数据域	SUM

6.2.1.4　LoRa 驱动移植

LoRa 驱动移植需要根据具体的硬件平台和操作系统进行不同的配置和调整,一般可以通过以下步骤进行:

(1) 确认硬件平台和操作系统。LoRa 驱动移植需要根据具体的硬件平台和操作系统进行相应的配置和调整,因此需要先确认目标平台和操作系统,并了解其硬件和软件特性。

(2) 下载和配置驱动代码。下载 LoRa 驱动代码,并根据目标平台和操作系统进行相应的配置和调整,包括引脚配置、时钟设置、中断处理等。如果使用的是开源的 LoRa 驱动代码,则需要熟悉其代码结构和功能,以便进行相应的修改和优化。

(3) 编译和调试驱动代码。根据目标平台和操作系统进行相应的编译和链接,生成可执行的驱动程序。然后通过调试工具和示波器等设备,对驱动程序进行调试和验证,确保其正常运行和稳定性。

(4) 集成和测试驱动程序。将 LoRa 驱动程序集成到具体的应用程序中,并进行相应的测试和验证。在测试过程中,需要注意驱动程序的性能和稳定性,以及与其他模块和设备的兼容性。

(5) 优化和调整驱动程序:根据实际应用场景和需求,对 LoRa 驱动程序进行相应的优化和调整,包括功耗优化、数据传输速率优化、信号强度优化等。

LoRa 驱动移植需要具备一定的硬件和软件开发经验,同时需要了解 LoRa 技术的原理和应用,以确保驱动程序的性能和稳定性。在移植过程中,需要注意与硬件平台和操作系统的兼容性,以及与其他模块和设备的协同工作。

➤ 任务实施

6.2.2　工程建立

打开 STM32CubeMX 软件,按照项目 3 中 3.2.3 小节任务实施过程的方法和步骤,进行工程的建立及外设、GPIO、USART1、调试端口的配置。针对本任务，在配置时需要注意：USART1 的波特率为 115 200 bit/s，使能全局中断；配置 LoRa 模块上两个 LED 分别连接 GPIO 的“PA3”和“PB8”引脚，“User Label”分别配置为“LED1”和“LED2”。

需要增加以下配置：

(1) SPI1 外设配置（见图 6-15）。

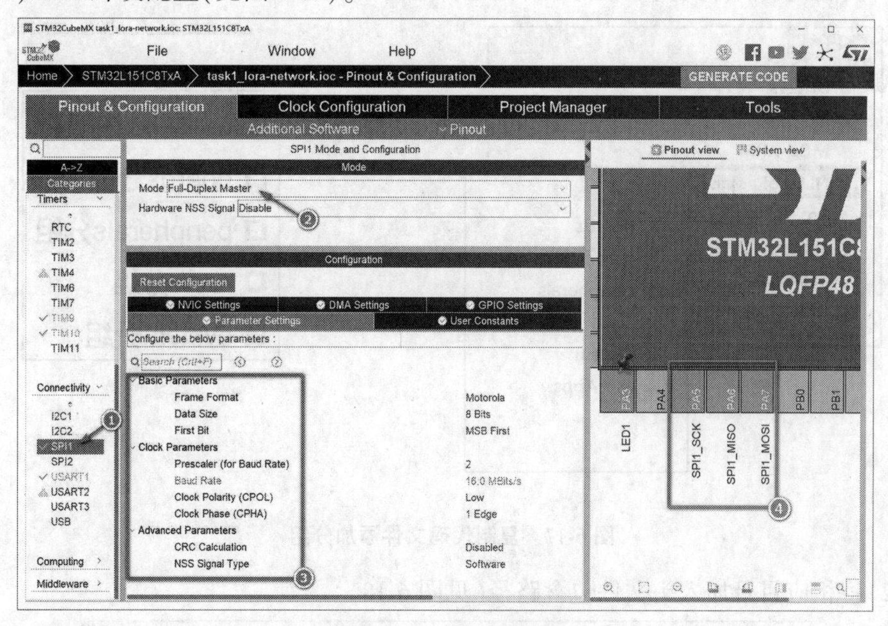

图 6-15　SPI1 外设配置

(2) 定时器 9 和定时器 10 配置（见图 6-16）。

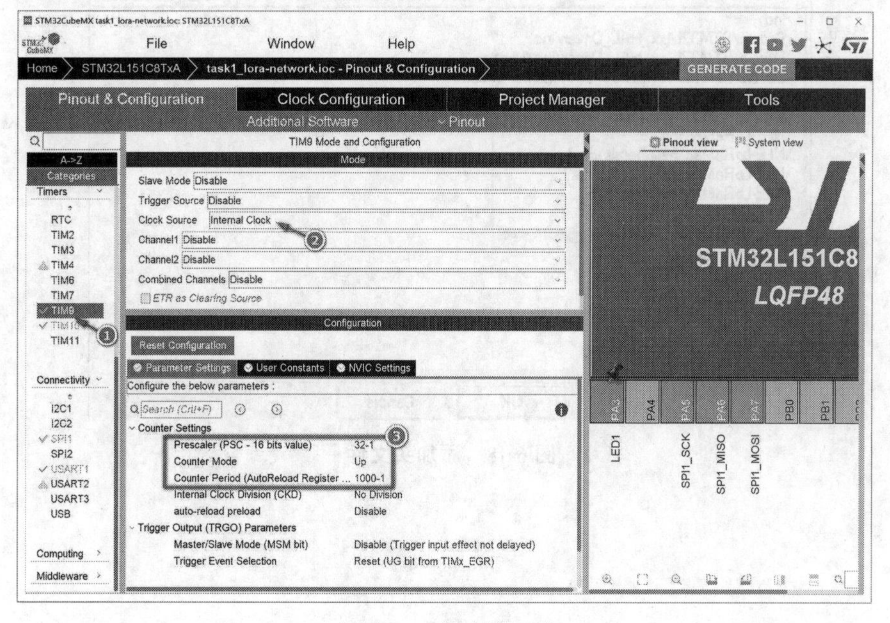

图 6-16　定时器配置

最后,切换到“NVIC Settings”界面,分别使能 TIM9 和 TIM10 的全局中断以及 USART1 的全局中断。工程参数的配置及生成 C 代码同样参照项目 3 中的任务进行。

6.2.3　添加代码包

(1)复制代码文件夹到工程目录并建立分组(见图 6-17)。

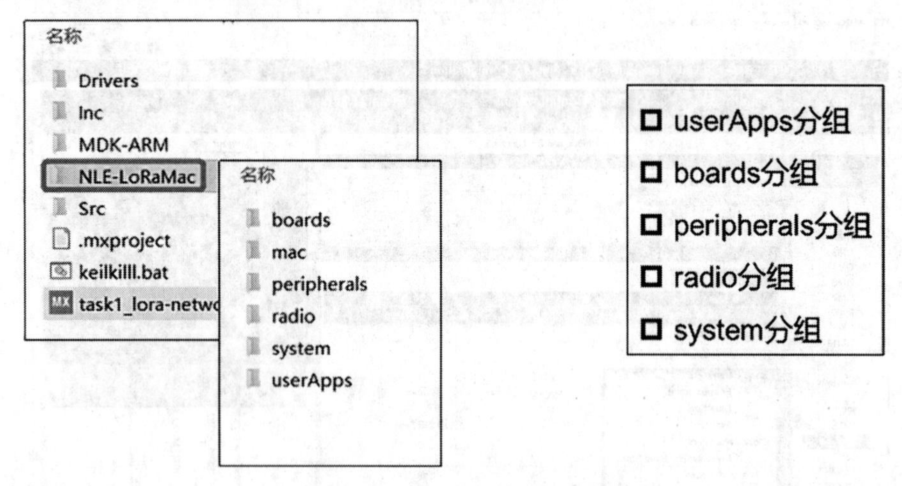

图 6-17　复制代码文件添加分组

(2)将相应目录加入头文件包含路径(见图 6-18)。

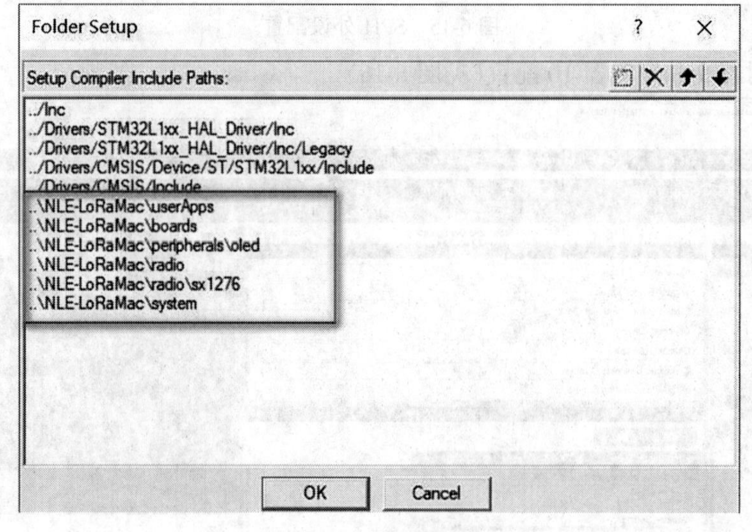

图 6-18　添加头文件

6.2.4　完善代码

6.2.4.1　编写射频模块事件回调函数注册程序

在“NS_Radio.c”文件的 NS_RadioEventsInit()函数中添加以下代码：

```
void NS_RadioEventsInit(void)
{
  RadioEvents.TxDone = OnTxDone;
  RadioEvents.RxDone = OnRxDone;
  RadioEvents.TxTimeout = OnTxTimeout;
  RadioEvents.RxTimeout = OnRxTimeout;
  RadioEvents.RxError = OnRxError;
  Radio.Init(&RadioEvents);
}
```

6.2.4.2　编写射频模块发送接收参数初始化程序

在“NS_Radio.c”文件的 NS_RadioEventsInit()函数中添加以下代码：

```
void NS_RadioInit(uint32_t freq, int8_t power, uint32_t txTimeout, uint32_t rxTimeout)
{
  NS_RadioEventsInit();
  NS_RadioSetTxRxConfig(freq, power, txTimeout);
  Radio.Rx(rxTimeout);
}
```

6.2.4.3　编写 LoRa 参数和功能初始化程序

在“LaRa_Apps.c”文件的 LoRaRFInit()函数中添加以下代码：

```
void LoRaRFInit(void)
{
  char StrBuf[USER_STRING_MAX_LEN];
  memset(StrBuf, '\0', USER_STRING_MAX_LEN);
  printf("Newland Edu\r\nLoRa\r\n");
  printf("LoRa 频率%.1fMHz.\r\n", RF_PING_PONG_FREQUENCY / 1000000.0);
  NS_RadioInit((uint32_t)RF_PING_PONG_FREQUENCY, (int8_t)TX_OUTPUT_
POWER, (uint32_t)TX_TIMEOUT_VALUE, (uint32_t)RX_TIMEOUT_VALUE);
}
```

6.2.4.4　编写 LoRa 模块数据接收完成处理程序

在“LaRa_Apps.c”文件的 MyRadioRxDoneProcess()函数中添加以下代码：

```
void MyRadioRxDoneProcess( void)
{
  uint16_t BufferSize = 0;
  uint8_t RxBuffer[ BUFFER_SIZE ];
  char strBuff[ 16 ] = {0};
  uint16_t num = 0;
#ifndef MASTER_NODE
  char * pr;
#endif
  /* 转移 LoRa 收到的数据至 BxBuffer 中 */
  BufferSize = ReadRadioRxBuffer( ( uint8_t * ) RxBuffer) ;
  if ( BufferSize > 0)
  {
    HAL_GPIO_TogglePin( LED2_GPIO_Port, LED2_Pin) ;
#ifdef MASTER_NODE
    memcpy( strBuff, RxBuffer, 4) ;
    num = strtol( strBuff, NULL, 16) ;
    if ( num = = NET_ID)
    {
      if ( strstr( ( const char * ) RxBuffer, "ok" ) ! = NULL)
        printf( "Received msg: %s\n" , RxBuffer) ;
    }
#else
    memcpy( strBuff, RxBuffer, 4) ;
    num = strtol( strBuff, NULL, 16) ;
    if ( num = = NET_ID)
    {
      pr = strstr( ( const char * ) RxBuffer, "ping" ) ;
      if ( pr ! = NULL)
      {
        memcpy( strBuff, pr + 4, 4) ;
        num = atoi( strBuff) ;
        sprintf( strBuff, "%x%s%04d" , NET_ID, "ok" , num++) ;
        printf( "Msg to send: %s\n" , strBuff) ;
        Radio. Send( ( uint8_t * ) strBuff, 12) ;
      }
        memcpy( strBuff, RxBuffer, 4) ;
    num = strtol( strBuff, NULL, 16) ;
```

```
    }
#endif
#if (ENGINEER_DEBUG ! = false)
    printf("LoRa BufferSize=%d\r\n", BufferSize);
    printf("LoRa Rx=\r\n");
    for (uint8_t i = 0; i < BufferSize; i++)
    {
      printf(" %02X", RxBuffer[i]);
    }
    printf("\r\n");
#endif //(ENGINEER_DEBUG ! = false)
  }
}
```

6.2.4.5　**编写应用层程序**

在“main.c”文件中输入以下代码：

```
#include <stdio.h>
#include <string.h>
#include "LoRa_Apps.h"
#include "board.h"
#include "radio.h"
#include "NS_Radio.h"
#include "user_define.h"
void SystemClock_Config(void);
/* USER CODE BEGIN 0 */
void send_ping_task(void)
{
  static uint32_t last_time;
  static uint16_t num = 0;
  char strBuff[16] = {0};
  if ((uint32_t)HAL_GetTick() - last_time >= 3000)
  {
    last_time = HAL_GetTick();
    sprintf(strBuff, "%x%s%04d", NET_ID, "ping", num++);
    printf("Msg to send: %s\n", strBuff);
    Radio.Send((uint8_t *)strBuff, 12);
    HAL_GPIO_TogglePin(LED1_GPIO_Port, LED1_Pin);
  }
}
```

```
/* USER CODE END 0 */
int main(void)
{
  HAL_Init();
SystemClock_Config();
  /* Initialize all configured peripherals */
  MX_GPIO_Init();
  MX_USART1_UART_Init();
  MX_SPI1_Init();
  MX_TIM9_Init();
  MX_TIM10_Init();
  /* USER CODE BEGIN 2 */
  BoardInitMcu();       //LoRa 模块硬件功能初始化
  LoRaRFInit();         //Lora 射频初始化
  OLED_Init();          //OLED 显示模块初始化
  Disp_InitInfo();      //显示初始化界面
  Disp_DeviceInfo();    //显示设备信息
  /* USER CODE END 2 */
  /* Infinite loop */
  /* USER CODE BEGIN WHILE */
#ifdef MASTER_NODE
  printf("Master Node. \n");
#else
  printf("Slave Node. \n");
#endif
  while (1)
  {
    /* USER CODE END WHILE */
    /* USER CODE BEGIN 3 */
#ifdef MASTER_NODE
    send_ping_task();
#endif
    MyRadioRxDoneProcess();
  }
  /* USER CODE END 3 */
}
```

6.2.5　编译下载

将模块放置在 NEWLab 平台上上电，打开“Flash Loader Demostrator”软件进行相应配置。

配置正确后，点击“Next”即进入下载流程，如图 6-19 所示。需要注意的是：每次下载只允许一个节点模块在 NEWLab 平台上通电；下载从节点程序时，需要注释“user_define.h”中第 15 行的预编译宏。

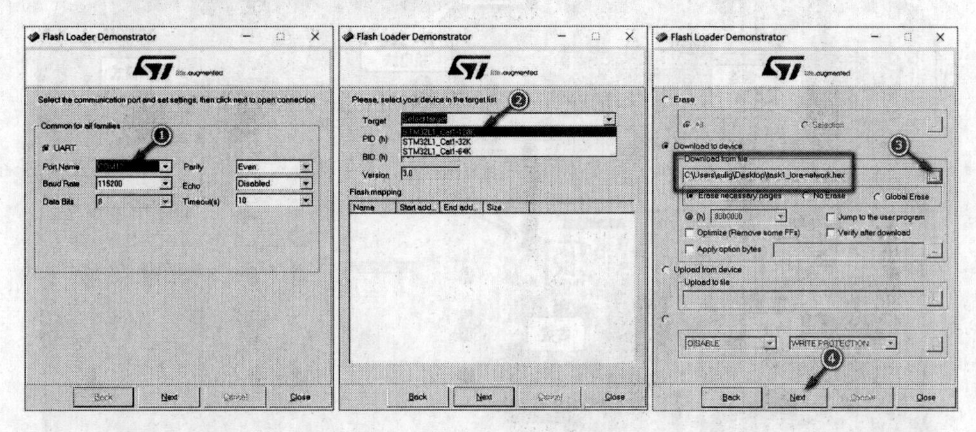

图 6-19　编译下载代码

6.2.6　硬件搭建

按照以下步骤进行硬件搭建(见图 6-20)：

(1)LoRa 主节点接入 NewLab 平台，将 USB 转 RS-232 线缆的一端连接 NewLab 平台，另一端连接 PC 机的 USB 接口。

(2)LoRa 从节点接入智慧盒，将方口 USB 线的一端接智慧盒，另一端接 PC 机的 USB 接口。

(3)将两个 LoRa 模块上的“M3 主控芯片启动或下载切换开关”向右拨，切为“启动”模式。

(4)将 NewLab 平台右上角的旋钮拨至为“通信”模式。

6.2.7　结果验证

在 PC 机上打开两个串口助手，分别连接主节点和从节点，选择正确的端口号，给 NewLab 平台和智慧盒上电，可看到如下现象(见图 6-21)：

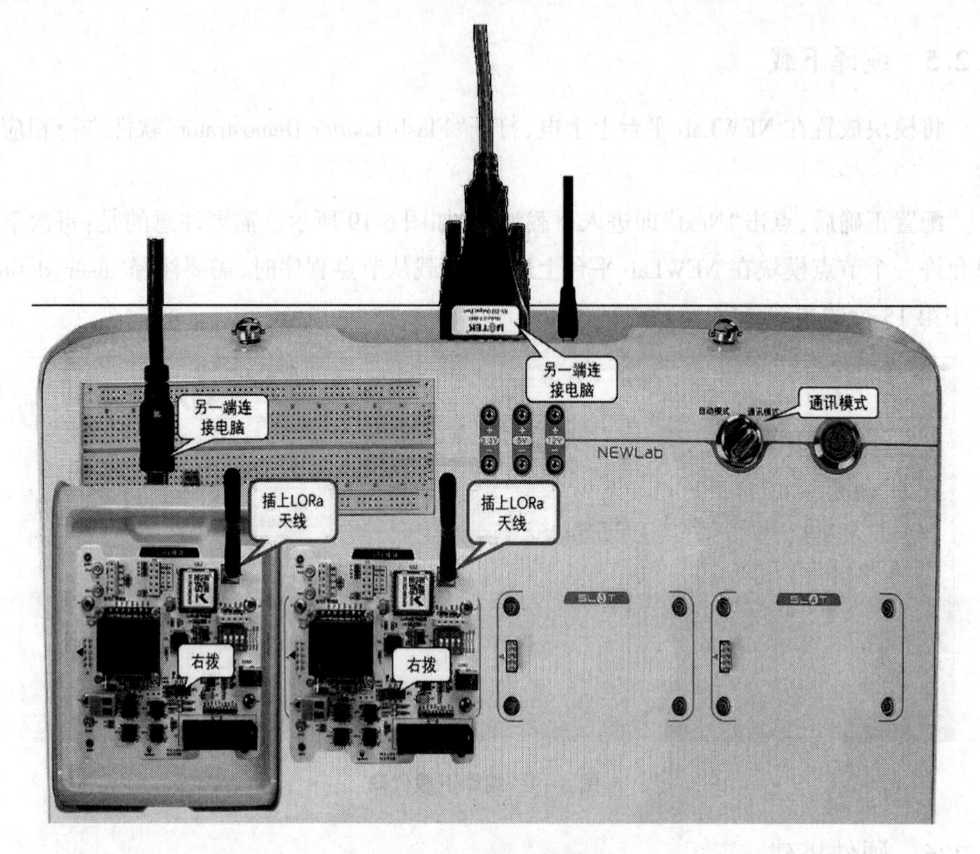

图 6-20　硬件连接图

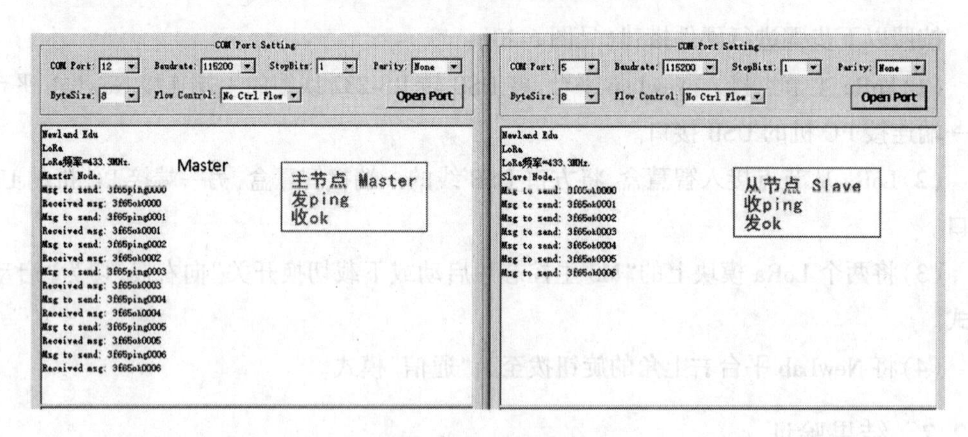

图 6-21　运行结果

小　结

本项目主要介绍了 NB-IoT 技术的定义与特点、讲解了 NB-IoT 标准、NB-IoT 网络体系架构、NB-IoT 使用的频段、NB-IoT 部署方式，介绍了 LoRa 技术的基本知识、LoRa 芯片 SX1278、SPI 通信技术等。

练　习

1. 低功耗广域网 NB-IoT 的优点是什么？请至少列举三个。
2. LoRa 技术的传输距离能力和传输速率之间是否存在矛盾？
3. NB-IoT 与传统蜂窝网络相比，有哪些区别和改进之处？
4. LoRa 技术的工作频段和带宽是否对其传输距离产生影响？
5. NB-IoT 和 LoRa 技术的应用场景有哪些异同之处？请列举至少两个。
6. LoRa 技术的功耗优化策略有哪些？
7. NB-IoT 网络的部署方式有哪些？请至少列举两种。

项目 7　传感网数据处理技术

【学习目标】

1. 了解传感网数据采集。
2. 掌握传感网数据处理与分析流程。
3. 了解传感网数据存储技术。
4. 了解传感网数据挖掘技术。
5. 了解传感网数据可视化技术。
6. 了解数据挖掘、数据可视化的概念及步骤。
7. 了解传感网数据挖掘技术。
8. 了解常见的可视化工具库。
9. 掌握使用 Excel、Tableau 软件对传感网数据进行可视化的方法。

【案例导入】

在传统互联网、物联网、移动互联网等领域,每天都在产生大量的数据,且增长速度极快。这种超大规模、高增长率的数据集被称为大数据,大数据背后隐藏着很多有价值的信息。同样地,传感网络中也会产生海量数据,想获取这些数据背后的价值,需要我们掌握数据的采集、处理和分析、存储、挖掘和可视化等方面的技术。有效地分析与利用传感器数据是物联网应用的核心之一。借助这些技术,既能发现数据背后更丰富的知识,也能以数据辅助决策、促进传感网络的建设。本项目主要介绍传感网数据采集、传感网数据处理与分析、传感网存储技术、传感网数据挖掘技术和可视化技术。

【思政导引】

大数据的处理需严格按照数据采集、数据预处理、数据挖掘及数据可视化几个阶段来进行,其中各阶段的任务内容有所不同。

数据采集常见的两大手段包括直接使用开源数据集和使用爬虫技术获取数据,在使用开源数据集时需遵循对应的数据开放协议,如各省市的数据开放平台中均标明了“数据使用协议”,下载使用时要认真查看。爬虫技术是一种按照一定标准制作程序的流程脚本,并自动请求互联网网站并获取数据网络,爬取某个网站的数据时需遵循它的爬虫协议,否则如果该程序不科学、爬取网站禁止的信息则会带来违反法律法规的风险。

数据预处理的主要任务是将数据处理为适用于数据挖掘的结构及形式,因此在处理过程中要保证数据的真实性,实事求是,对某些缺失、重复字段的处理应使用科学的方法,不得对数据进行随意篡改、人工增删数据等。

在对数据进行挖掘时,更要充分了解数据的结构及内容,并根据数据分析的目的选择合适的数据挖掘算法,只有科学严谨,才能发掘数据背后的真实价值。

数据可视化的目的是将分析结果以更加直观的形式呈现,在该过程中,一方面会使用很多开源的工具或 Python 的第三方包,在使用过程中,同学们应当领会开源共享精神是为了打破垄断、开放创新和鼓励奉献;另一方面,可视化的图形应具有“信”(准确地表示信息)、“达”(图表上的元素尽量能够更好地表示数据的信息)、“雅”(美观,让数据信息更直观)三个特征。因此,同学们在对传感网的数据进行处理时,需了解相应的法律法规,也要细致严谨,实事求是,采用科学的分析方法;数据处理通常是一项非常庞大的工作,大家还需要在该过程中学会与其他同学沟通交流、分工合作。

【知识精讲】

从选择合适的传感器、优化传感器信号质量和配置数据采集系统三个角度进行数据采集。传感网数据处理与分析,首先比较了传感网的数据管理系统与传统分布式数据库的不同,接着通过数据处理流程的九个方面的预处理方法,使我们可以更好地发挥采集到的数据价值,提高分析效果和决策效率。选择适用于传感器数据类型的数据挖掘技术,能更全面、更细致地提取数据背后蕴含的信息,再使用当下流行的可视化技术对传感网数据进行分析和展示,能帮助我们更科学地借助数据进行决策。

7.1　传感网数据采集

随着智能制造和物联网技术的发展,传感网通过收集和传输各种信息,可以实时监测和控制,有助于提高生产效率、降低成本和保障产品质量。那么如何更好地实现传感网的数据采集呢?

7.1.1　选择合适的传感器

首先,我们需要选择合适的传感器。在选择传感器时,需要考虑传感器的测量范围、精度、灵敏度、稳定性、抗干扰性和使用环境等因素。与此同时,为了减少成本和降低复杂度,应选择具有多种功能的多传感器模块,以集成多种功能和数据采集工作。

7.1.1.1　根据测量对象和测量环境确定传感器的类型

要进行具体的测量工作,首先要考虑传感器的原理,这需要在确定之前分析各种因素。因为即使测量相同的物理量,也有多种传感器可供选择,哪种传感器更合适,需要考虑以下具体问题:测量范围大小、传感器体积要求、接触或非接触;信号引出方法、有线或非接触测量;传感器来源、国内或进口、价格能否承受或自行开发。在考虑了上述问题之后,我们可以确定选择的传感器,然后考虑传感器的具体性能指标。

7.1.1.2　灵敏度的选择

通常,在传感器的线性范围内,希望传感器的灵敏度越高越好。因为只有当灵敏度高时,与测量变化相对应的输出信号值才相对较大,有利于信号处理。但需要注意的是,传感器灵敏度高,与测量无关的外部噪声容易混合,放大系统也会放大,影响测量精度。因此,传感器本身应具有较高的信噪比,以尽量减少从外部引入的干扰信号。传感器的灵敏度是有方向性的。当测量为单向量,方向要求较高时,应选择其他方向灵敏度较小的传感器;如果测量为多维向量,传感器的交叉灵敏度越小越好。

7.1.1.3　频率响应特性

传感器的频率响应特性决定了测量的频率范围,必须在允许的频率范围内保持不失真。事实上,传感器的响应总是固定的延迟,我们希望延迟时间越短越好。传感器的频率响应越高,可测信号频率范围就越在动态测量中,应根据信号特性(稳态、瞬态、随机等)进行响应,以免产生过大的误差。

7.1.1.4 线性范围

传感器的线性范围是指输出与输入成正比的范围。理论上,在这个范围内,灵敏度是固定的。传感器的线性范围越宽,测量范围就越大,并能保证一定的测量精度。在选择传感器时,当确定传感器的类型时,首先取决于测量范围是否符合要求。但事实上,任何传感器都不能保证绝对的线性,其线性也是相对的。当测量精度相对较低时,非线性误差较小的传感器可以在一定范围内近似视为线性,这将给测量带来极大的便利。

7.1.1.5 稳定性

传感器使用一段时间后,其性能保持不变的能力称为稳定性。除传感器本身的结构外,影响传感器长期稳定性的因素主要是传感器的使用环境。因此,为了使传感器具有良好的稳定性,传感器必须具有很强的环境适应性。在选择传感器之前,应调查其使用环境,并根据具体使用环境选择合适的传感器,或采取适当措施减少环境的影响。传感器的稳定性有定量指标,使用前应重新校准,以确定传感器的性能是否发生变化。在一些要求传感器长期使用,不易更换或校准的情况下,所选传感器的稳定性要求更严格,能够经受住长期的考验。

7.1.1.6 精度

精度是传感器的重要性能指标,是整个测量系统测量精度的重要环节。传感器的精度越高,价格就越贵。因此,只要传感器的精度满足整个测量系统的精度要求,就不必选择太高。这样,您就可以选择更便宜和简单的传感器阿特拉斯空气压缩机配件来满足相同的测量目的。如果测量目的是定性分析,可以选择重复精度高的传感器,不宜选择绝对精度高的传感器;如果是定量分析,必须获得准确的测量值,则需要选择能够满足精度等级要求的传感器。

在某些特殊使用场合,如果不能选择合适的传感器,则需要自行设计和制造传感器。自制传感器的性能应满足使用要求。

7.1.2 优化传感器信号质量

优化传感器信号质量也是十分重要的。传感器信号可能受到各种干扰,如电磁干扰、热噪声、晶体管噪声等。影响传感器信号质量的外界干扰种类有以下几点:

(1)静电感应。由于两条支电路或元件之间存在着寄生电容,使一条支路上的电荷通过寄生电容传送到另一条支路上去,有时候也被称为电容性耦合。

(2)电磁感应。当两个电路之间有互感存在时,一个电路中电流的变化就会通过磁场耦合到另一个电路,这一现象称为电磁感应。这种情况在传感器使用的时候经常遇到,需要格外注意。

(3)漏电流感应。由于电子线路内部的元件支架、接线柱、印刷电路板、电容内部介质或外壳等绝缘不良,特别是传感器的应用环境湿度增大,导致绝缘体的绝缘电阻下降,这时漏电电流会增加,由此引发干扰。尤其是当漏电流流入到测量电路的输入级时,其影响就特别严重。

(4)射频干扰。主要是大型动力设备的启动、操作停止时产生的干扰以及高次谐波干扰。

(5)其他干扰。主要指的是系统工作环境差,容易受到机械干扰、热干扰和化学干扰等环境因素构成的干扰。

综合以上对干扰源类型和入侵系统路径的分析,我们需要采取相关的措施,如在传输线路上加入屏蔽措施、降噪滤波等操作,以确保传感器信号的质量和准确性。主要有以下这几项技术可以避免干扰:

(1)接地技术。接地技术可分为保护接地和屏蔽接地两种,前者可以保证人身和设备的安全,后者是采用屏蔽层接地,能有效地减小或者削弱干扰,起到良好的抗干扰作用。需要注意的是我们应尽可能遵循一定接地的准则,这是因为如果采用多点接地,那么就会造成各接地点电位不同而产生电路的干扰信号。因而尽可能做到一点接地,若不能实现,则应尽量加宽接地线,使各接地点电位接近,避免干扰信号的产生。

(2)屏蔽技术。所谓的屏蔽技术,其实就是用低阻或高磁导率材料做成容器,将把需要屏蔽的电路置于其中,达到防静电或电磁感应目的的技术。利用屏蔽技术可以隔断场的耦合,从而抑制场的干扰。屏蔽包括静电屏蔽、低频磁屏蔽、电磁屏蔽等。

(3)滤波技术。滤波器是抑制交流串模干扰的有效手段之一。传感器检测电路中常见的滤波电路有 Rc 滤波器、交流电源滤波器和直流电源滤波器。下面介绍这几种滤波电路的应用:

①Rc 滤波器。当信号源为热电偶、应变片等信号变化缓慢的传感器时,利用小体积、低成本的无源 Rc 滤波器将会对串模干扰有较好的抑制效果。但值得一提的是,Rc 滤波器是以牺牲系统响应速度为代价来减少串模干扰的。

②交流电源滤波器。电源网络吸收了各种高、低频噪声,对此常用 Lc 滤波器来抑制混入电源的噪声。

③直流电源滤波器。直流电源往往为几个电路所共用,为了避免通过电源内阻造成几个电路间相互干扰,应该在每个电路的直流电源上加上 Rc 或 Lc 退耦滤波器,用来滤除低频噪声。光电耦合技术:光电耦合器是一种电-光-电的耦合器件,它由发光二极管和光电三极管封装组成,其输入与输出在电气上是绝缘的,因此这种器件除用于做光电控制以外,现在被越来越多地用于提高系统的抗共模干扰能力。当有驱动电流流过光耦合器中的发光二极管,光电三极管受光饱和。其发射极输出高电平,从而达到信号传输的目的。这样即使输入回路有干扰。只要它在门限之内,就不会对输出造成影响。脉冲电路中的噪声抑制,若在脉冲电路中存在干扰噪声。可以将输入脉冲微分后再积分,然后设置一定幅度的门限电压,使得小于该门限电压的信号被滤除。对于模拟信号可以先用 A/D 转换,再用这种方法滤除噪声。

(4)隔离技术。隔离技术的思想就是切断耦合通道,破坏干扰路径,从而使干扰得到抑制的一种技术。

隔离可以加一个隔离变压器或电容在两个电路之间,切断两电路之间电的联系,使信号以磁的形式传递,从而使干扰受到抑制。也可加入一个光耦合器在两个电路之间,光完全隔断两电路间的地环回路,靠光传递信号,对地线干扰更能有效地抑制。变压器隔离的应用场合主要是传输交变信号的传输通道中。光电耦合器隔离主要广泛应用于数字接口电路中。在自动检测系统中越来越多的光电耦合器被采用,以使系统的抗共模干扰能力提高。

(5)浮置技术。将导电结构如接大地系统、电子设备地线系统等相互绝缘。这样可以有效抑制接线产生的干扰,其具有抗干扰性好的优点,但是也容易使电子设备产生静电积累。

(6)低频磁屏蔽。干扰如为低频磁场,这时的电涡流现象不太明显,只用上述方法抗干扰效果并不太好,因此必须采用高导磁材料作屏蔽层,以便把低频干扰磁感线限制在磁阻很小的磁屏蔽层内部,使被保护电路免受低频磁场耦合干扰的影响。这种屏蔽方法一般称为低频磁屏蔽。传感器检测仪器的铁皮外壳就起低频磁屏蔽的作用。若进一步将其接地,又同时起静电屏蔽和电磁屏蔽的作用。基于以上三种常用的屏蔽技术,在干扰比较严重的地方,可以采用复合屏蔽电缆,即外层是低频磁屏蔽层,内层是电磁屏蔽层,达到双重屏蔽的作用。例如电容式传感器在实际测量时其寄生电容是必须解决的关键问题,否则其传输效率、灵敏度都要变低。必须对传感器进行静电屏蔽,而其电极引出线就采用双层屏蔽技术,一般称之为驱动电缆技术。用这种方法可以有效地克服传感器在使用过程中的寄生电容。

(7)一点接地。在低频电路中一般建议采用一点接地,它有放射式接地线和母线式接地线路。放射式接地就是电路中各功能电路直接用导线与零电位基准点连接;母线式接地就是采用具有一定截面积的优质导体作为接地母线,直接接到零电位点,电路中的各功能块的地可就近接在该母线上。这时若采用多点接地,在电路中会形成多个接地回路,当低频信号或脉冲磁场经过这些回路时,就会引起电磁感应噪声,由于每个接地回路的特性不同,在不同的回路闭合点就产生电位差,形成干扰。为避免这种情况,最好采用一点接地的方法。传感器与测量装置构成一个完整的检测系统,但两者之间可能相距较远。由于工业现场大地电流十分复杂,所以这两部分外壳的接大地点之间的电位一般是不相同的,若将传感器与测量装置的零电位在两处分别接地,即两点接地,则会有较大的电流流过内阻很低的信号传输线产生压降,造成串模干扰。因此,这种情况下也应该采用一点接地方法。

(8)导电涂料。将导电涂料作为塑料机箱或者部件的电磁屏蔽涂层,其附着力强,耐心好,屏蔽效率高。可以将导电涂料稀释后进行喷涂、刷涂,在各种形状复杂的表面同样能够获取良好的屏蔽涂层。

总体来说,干扰是一个十分复杂的技术问题,在实际的设计过程中,要针对不同的工作环境、不同的技术要求和干扰源的类型及干扰入侵的路径等具体情况,加以充分的考虑,采取与之相对应的抗干扰技术,才能保证传感器和系统的正常工作。

7.1.3　配置数据采集系统

虽然这些传感器测量的温度、重量和磁场强度等参数不同,但它们具有低信号增益、幅度和非线性的共同电气特性。一旦安装在最终应用中,增益和偏移误差也可能变得明显,强制校准。许多传感器表现出高(或可变)输出阻抗,使它们容易出现信号负载和耦合噪声问题。这些因素单独或组合使用会增加显著的测量误差。因此,传感器需要专用的信号调理电路,以便在系统使用之前进行误差补偿、滤波和缓冲以及模数转换。为了更好地实现传感器的数据采集,我们还需要配置一个合适的数据采集系统。这个数据采集系统应该支持多个传感器的同时连接和同时采集,同时还应该支持多种不同的数据格式和传输协议。

7.2　传感网数据处理与分析

7.2.1　概述

由于传感网能量、通信和计算能力有限,因此传感网数据管理系统在一般情况下不会把数据都发送到汇聚节点进行处理,而是尽可能在传感网中进行处理,可最大限度地降低传感网的能量消耗和通信开销,延长传感网的生命周期。此时,可以把传感网看作一个分布式感知数据库,可以借鉴成熟的传统分布式数据库技术对传感网中的数据进行管理。虽然传感网的数据管理系统与传统分布式数据库具有相似性,但是在有些方面也有着比较大的差异,主要表现在以下几个方面。

7.2.1.1　所遵循的原则不同

由于传感网中各个节点的能量有限,为了延长传感网的生命周期,保证服务质量,传感网的数据管理系统必须要尽量地减少能量消耗。在传感网中,节点间通信的能量消耗远大于自身计算的能量消耗,因此数据管理系统应该尽可能地减少数据传输量和缩短数据传输时间。分布式数据库则不需要考虑能耗问题,只要保证数据的完整性和一致性即可。

7.2.1.2　所管理的数据特征不同

传感网的数据管理系统所面对的是大量的分布式无限数据流,并且近似的和数据分布的统计特征往往是未知的,无法使用传统的数据库技术来管理,需要新的数据查询和分析技术,利用具有能量、计算和存储有限的大量传感器节点来协作完成分布式无限数据流上的查询和分析任务。传统的分布式数据库系统所面对的数据通常是确定和有限的,并且数据分布的统计特征是已知的。

7.2.1.3　提供服务所采用的方式不同

在传感网中,节点能量、计算能力和存储容量都非常有限,因此支撑传感网数据管理系统的传感网节点随时都有可能会失效,导致该节点无法正常提供服务。在传感网数据管理系统中,用户对感知数据查询请求的处理过程与传感网本身是紧密结合的,需要传感网中的各个节点相互配合才能够完成一次有效的查询过程。而在传统的分布式数据库系统中,数据的管理和查询不依赖于网络,网络仅仅是数据和查询结果的一个传输通道。

7.2.1.4　数据的可靠性不同

通常情况下,传感网中的感知节点所感知的数据具有一定的误差,为了向用户尽可能地提供可靠的感知数据,传感网数据管理系统必须要有能力处理感知数据的误差。传统的分布式数据库系统获得的都是比较准确的数据,数据可靠性比较高。

7.2.1.5 数据产生源不同

传统的分布式数据库管理系统管理的数据是由稳定可靠的数据源产生的,而传感网的数据是由不可靠的传感器节点产生的。这些传感器节点具有有限的能量资源,它们可能处于无法补充能量的危险地域,因此随时可能停止产生数据。另外,传感器节点的数量规模和分布密度可能会发生很大的变化。当某些节点停止工作后,节点数量和分布密度显著下降;然而,当补充一些节点后,节点数量和分布密度明显上升。相应的,节点传输数据时产生的网络拓扑结构会明显地发生动态变化。

7.2.1.6 处理查询所采用的方式不同

传感网数据管理系统主要处理两种类型的查询:连续查询和近似查询。连续查询在用户给定的一段时间内持续不断地对传感网进行检测,它被分解为一系列子查询并分配到节点上执行,节点产生的结果经过全局处理后形成最终结果反馈给用户。近似查询利用已有的信息和模型,在满足用户的查询精度的前提下减少不必要的数据采集和传输过程,提高查询效率。传统的分布式数据库系统不具备处理这两种查询的能力。

7.2.2 数据处理流程

采集到的数据并不能直接使用,需要进行预处理才能更好地发挥其价值。本书将从数据清洗、特征选择、数据转换、缺失值处理、异常值处理、数据标准化、数据离散化、特征缩放和特征降维等九个方面来介绍数据预处理的方法。

7.2.2.1 数据清洗

在数据搜集的过程中,需要从不同渠道获取数据并汇集在中心数据库,搜集的原始数据首先需要进行解析,然后对不准确、不完整、不合理、格式和字符等不规范的数据进行过滤清洗,清洗过的数据才能更加符合需求,从而使后续的数据分析应用更为准确。因此,在数据分析、挖掘、可视化实现以及统计报表之前,做好相关的数据清洗工作意义重大。根据数据源的实际需要,不同的数据需要不同的数量清洗方法进行处理。

1. 重复数据清洗

为了减少数据中冗余信息,首先对一定范围内数据进行排序算法,根据预定义的重复标识规则进行重复检测,最后完成重复数据的清洗工作,为了确保对原始数据的完整性,对重复删除的数据进行单独备份。

2. 不完整数据清洗

首先对数据表结构字段按照重要性等级进行判断,按照缺失比例和字段重要性制订方案,对于不完整的记录并且不需要的字段进行删除处理,每次删除前需要单独备份,对于重要字段并缺失的记录,通过计算分析对字段进行填充(见图 7-1)。

3. 数据格式清洗

数据格式的清洗主要针对由人工搜集或用户填写的信息,对不符合规定的格式及内容进行清洗。主要包括时间、日期、数值等显示的格式,内容中不合理的字符等。

4. 错误数据清洗

用统计分析的方法识别错误值或异常值,如偏差分析、识别不遵守分布或回归方程的

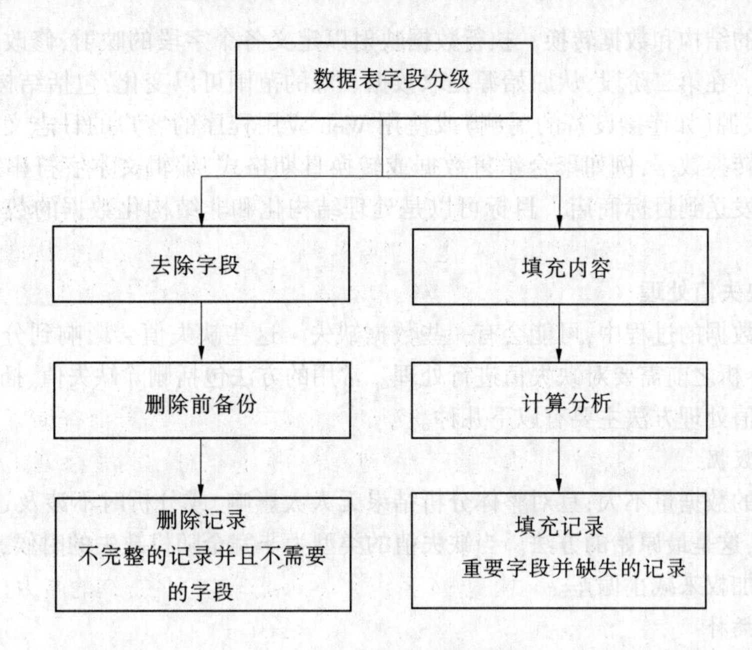

图 7-1　不完整数据清洗步骤

值,也可以用简单规则库检查数据值,或使用不同属性间的约束、外部的数据来检测和清理数据。

5. 关联性数据清洗

当数据记录有多个来源时,需要进行关联性验证,如果在数据分析过程中发现数据之间互相矛盾,需要将关联性的相关数据进行调整或去除,通过对数据的分析检测,从而使得数据保持一致。

7.2.2.2　特征选择

作为一种降维技术,特征选择旨在通过去除不相关、冗余或嘈杂的特征,从原始特征中选择一小部分相关特征。特征选择通常可以带来更好的学习性能、更高的学习精度、更低的计算成本和更好的模型可解释性。特征选择是指从原始数据中选取与问题相关的特征。在某些情况下,原始数据可能包含大量无关变量或冗余变量,这些变量会影响建模效果。因此,在进行建模之前需要对数据进行特征选择,选取与问题相关的特征。特征选择可以采用以下策略:删除未使用的列、删除具有缺失值的列、不相关的特征、低方差特征、多重共线性、特征系数、p 值、方差膨胀因子(VIF)、基于特征重要性的特征选择、主成分分析(PCA)等。

7.2.2.3　数据转换

数据转换是将数据从一种格式或结构转换为另一种格式或结构的过程。数据转换对于数据集成和数据管理等活动至关重要。数据转换可以包括一系列活动:您可以转换数据类型,通过删除空值或重复数据来清理数据,丰富数据或执行聚合,具体取决于项目的需要。

通常,该过程涉及两个阶段。在第一阶段,执行数据发现,以识别源和数据类型。确定需要发生的结构和数据转换。执行数据映射以定义各个字段的映射,修改,连接,过滤和聚合方式。在第二阶段,从原始源提取数据。源的范围可以变化,包括结构化源(如数据库)或流式源(如连接设备的遥测)或使用 Web 应用程序的客户的日志文件。执行转换。您可以转换数据,例如聚合销售数据或转换日期格式,编辑文本字符串或连接行和列。将数据发送到目标商店。目标可以是处理结构化和非结构化数据的数据库或数据仓库。

7.2.2.4 缺失值处理

在采集数据的过程中,可能会有一些数据缺失。这些缺失值会影响到分析结果。因此,在进行分析之前需要对缺失值进行处理。常用的方法包括删除缺失值、插值填补缺失值等。缺失值处理方法主要有以下几种。

1. 剔除数据

若缺失的数据量不大,且对整体分析结果无太大影响,或分析时不涉及这类数据,可剔除缺失值,这是最原始的方法。当缺失值的类型为非完全随机缺失的时候,可以通过对完整的数据加权来减小偏差。

2. 数据插补

观察当前数据,是否与过往数据有一定关联性,若有,可以用过往日常数据进行插补;若没有,则需要根据统计学中的众数原理,用该属性的众数(出现频率最高的值)来补齐缺失的值。针对数据属性、特征,以类似样本数据进行补充。

3. 函数值

根据数据集中趋势“均值、中位数、众数”,采取合适的函数值进行插补。

4. 建模值

利用合适的模型进行建模,通过公式等,反推当前缺失值,但需考虑模型的准确性及偏差等。

7.2.2.5 异常值处理

异常值是指在数据中出现的与其他观测值明显不同的观测值。异常值可能是由于测量误差、录入错误、异常情况等原因导致的。在进行分析之前需要对异常值进行处理,以避免对分析结果产生影响。

7.2.2.6 数据标准化

数据标准化是指将不同尺度的数据统一到同一尺度范围内。例如,在进行聚类分析时,需要对不同属性的数据进行标准化,以便于比较不同属性之间的相似性。数据分析及建模过程中,许多机器学习算法需要其输入特征为标准化的形式。例如 SVM 算法中的 RBF 核函数,目标函数往往假设其特征均值在 0 附近且方差齐次等。若是其中有一个特征的方差远远大于其他特征的方差,那么这个特征就将成为影响目标特征的主要因素,模型难以学习到其他特征对目标特征的影响。

在另外一些数据分析场景下,我们需要计算样本之间的相似度,如果样本的特征之间的量纲差异太大,样本之间相似度评估的结果将会受到量纲大的特征的影响,从而导致对样本相似度的计算存在偏差。因此,数据的标准化是数据分析流程中的重要步骤。常用的数据标准化方法有:Z-score 标准化、Min-Max 标准化、小数定标标准化和 Logistic 标准化。

7.2.2.7　数据离散化

离散化是把无限空间中有限的个体映射到有限的空间中去,以此提高算法的时空效率。通俗地讲,离散化是在不改变数据相对大小的条件下,对数据进行相应的缩小,但是离散化仅适用于只关注元素之间的大小关系而不关注元素本身的值。针对连续数据和离散变量分别有不同的处理方式。

1. 连续数据

对于少量数据来说,最准确的方法当然是人工分级。等间隔分级数据量增大之后,通过肉眼观察到分界点,可以采用等间隔分级的方式进行粗暴的分级,但是通常效果不好。等百分比分级等间隔分级常常会导致各个级别中包含的数据量悬殊,为了避免这种情况,可以将绝对间隔改为相对间隔,即采用等百分比间隔分级。*K* 均值分级其实是一种聚类问题,自然可以使用聚类算法,我们可以尝试用最简单的聚类算法 *K* 均值聚类来进行分级实验。

2. 离散变量分有序和无序

有序分类变量可以直接利用划分后的数值。如分类变量［贫穷,温饱,小康,富有］,直接可以将它们转换为[0,1,2,3]就可以了,可以直接使用 pandas 当中的 map 函数进行映射离散化。无序变量采用独热编码(One-Hot Encoding)。

7.2.2.8　特征缩放

特征缩放(Feature Scaling)是将不同特征的值量化到同一区间的方法,也是预处理中容易忽视的关键步骤之一。除极少数算法(如决策树和随机森林)外,大部分机器学习和优化算法采用特征缩放后会表现更优。因为在原始的资料中,各变数的范围大不相同。有标准化、均值归一法、最小-最大值缩放、单位向量化等常用的方法可以来做特征的缩放。

7.2.2.9　特征降维

特征降维是指将高维度的数据转换为低维度的数据。例如,在进行图像识别时,需要将高维度的图像数据降维为低维度的特征向量,以便于分类器进行处理。

特征降维指的是采用某种映射方法,将高维向量空间的数据点映射到低维的空间中。在原始的高维空间中,数据可能包含冗余信息及噪声信息,其在实际应用中会对模型识别造成误差,降低模型准确率;而通过特征降维可以减少冗余信息造成的误差,从而提高模型准确率。特征降维的方法主要分为两类:特征选择和特征提取。

1. 特征选择

特征选择方法比较简单粗暴,直接将不重要的特征删除。特征选择方法主要包括三大类:过滤法(Filter)、包装法(Wrapper)和嵌入法(Embedded)。过滤法是根据发散性或者相关性对各个特征进行评分,通过设定阈值或者待选择阈值的个数来选择特征。包装法是根据目标函数(通常是预测效果评分)每次选择若干特征,或者排除若干特征。嵌入法是使用机器学习的某些算法和模型进行训练,得到各个权重的权值系数,并根据系数从大到小选择特征。

2. 特征提取

特征提取主要是通过映射变换方法,将高维特征向量空间映射到低维特征向量空间中去,通过这种方法产生的特征都不在原始数据中。常用的特征提取方法有主成分分析法和线性判别分析法。

通过以上九个方面的预处理方法,我们可以更好地发挥采集到的数据价值,提高分析效果和决策效率。

7.3 传感网数据存储技术

现有的传感器数据存储结构主要有网外集中式存储方案、网内分层存储方案、网内本地存储方案、以数据为中心的存储方案。

7.3.1 网外集中式存储方案

网外集中式存储方案是将所有数据完全传送到基站端存储,其网内处理简单,将查询工作的重心放到了网外。感知数据从数据普通节点通过无线多跳传送到网关节点,再通过网关传送到网外的基站节点,由基站保存到感知数据库中。由于基站能源充足、存储和计算能力强,因此可在基站上对这些已存数据实现复杂的查询处理,并可利用传统的本地数据库查询技术。

外集中式数据存储结构的特点是:感知数据的处理和查询访问相对独立,可以在指定的传感器节点上定制长期的感知任务,让数据周期性地传回基站处理,复杂的数据管理决策则完全在基站端执行。其优点是网内处理简单,适合于查询内容稳定不变且需要原始感知数据的应用系统(某些应用需要全部的历史数据才能进行详细分析),对于实时查询来说,如果查询数据量不大时,查询时效性较好。

考虑到传感网节点的大规模分布,大量冗余信息传输可能造成大量的能耗损失,而且容易引起通信瓶颈,造成传输延迟。因此,这种存储结构很少得到应用。

7.3.2 网内分层存储方案

网内分层存储方案:这种网络中有两类传感器节点,一类是大量的普通节点,另一类是少量的有充足资源的簇头节点,用于管理簇内的节点和数据。簇头之间可以对等通信,网关节点是簇头节点的根节点,其他簇头都作为它的子节点处理。

7.3.3 网内本地存储方案

采用网内本地存储方案时,数据源节点将其获取的感知数据就地存储。基站发出查询后向网内广播查询请求,所有节点均接收到请求,满足查询条件的普通节点沿融合路由树将数据送回到根节点,即与基站相连的网关节点。美国加洲大学伯克利分校的 TinyDB 数据库系统采用了这种本地存储方案。网内本地存储方案的存储几乎不耗费资源和时间,但执行查询时需要将查询请求洪泛到所有节点,一次洪泛的通信量耗能较多;将查询结果数据沿路由树向基站送的过程中由于经过网内处理,使数据量在传送过程中不断压缩,所需的数据传输成本大大下降,但是回送过程中复杂的网内查询优化处理使得这种系统的查询实效性稍差。

网内本地存储方案的主要优点是:数据存储充分利用了网内节点的分布式存储资源;采用数据融合和数据压缩技术减少了数据通信量;数据没有集中化存储,确保网内不会出现严重的通信集中现象。主要缺点是:需要将查询请求洪泛到整个网内的各个角落,网内融合处理复杂度较高,增加了时延。

7.3.4　以数据为中心的存储方案

以数据为中心的网内存储方案采用以数据中心的思想,将网络中的数据(或感知事件)按内容命名,并路由到与名称相关的位置(如根据以名称为参数的哈希函数计算出来的位置)。采用方案时需要和以数据为中心的路由协谈相配合(常见的以数据为中心的WSN 路由机制有定向扩散、GPSR 等)。存储数据的节点除负担数据存储任务外,还要完成数据压缩和融合处理操作。

7.4　传感网数据挖掘技术

7.4.1　数据挖掘的相关概念

微课 7-1　数据挖掘概念及步骤

数据挖掘(Data Mining,简称 DM)就是从大量的、不完全的、有噪声的、模糊的、随机的实际应用数据中,提取隐含在其中的、人们事先不知道的、具有利用价值的信息和知识的过程。其内层含义包括:数据源必须是真实的、大量的;发现的是用户感兴趣的知识;发现的知识要可接受、可理解、可运用;仅支持特定应用的发现问题。

数据挖掘算法按功能主要分为分类、回归分析、聚类、关联规则等,它们分别从不同的角度对数据进行挖掘。

7.4.1.1　分类

分类是找出数据对象集中一组数据对象的共同特点并按照分类模式将其划分为不同的类,其目的是通过分类,将数据对象集中的数据对象项映射到某个给定的类别。如一个汽车零售商将客户按照对汽车的喜好划分成不同的类,这样营销人员就可以将新型汽车的广告手册直接邮寄到有这种喜好的客户手中,从而可大大增加推销成功率。

7.4.1.2　回归分析

回归用于推断属性变量与相应的响应变量或目标变量之间的函数关系,使得对任何一个属性集合,可以预测其响应,其主要研究问题包括数据序列的趋势特征、数据序列的预测以及数据间的相关关系等。它可以应用到市场营销的各个方面,如保持和预防客户流失、销售趋势预测及有针对性的促销活动等。

7.4.1.3　聚类

聚类是将对象集合中的对象分类到不同的类或者簇这样的一个过程,使得同一个簇中的对象有很大的相似性,而不同簇间的对象有很大的相异性。它可以应用到客户群体的分类、客户背景分析、客户购买趋势预测、市场的细分等。

7.4.1.4 关联规则

关联规则是描述数据库中数据项之间所存在的关系的规则，即根据一个事务中某些项的出现可导出另一些项在同一事务中也出现，即隐藏在数据间的关联或相互关系。在客户关系管理中，通过对企业的客户数据库里的大量数据进行挖掘，可以从大量的记录中发现有趣的关联关系，找出影响市场营销效果的关键因素，为产品定位、定价与定制客户群，客户寻求、细分与保持，市场营销与推销，营销风险评估和诈骗预测等决策支持提供参考依据。

7.4.2 数据挖掘的步骤

从数据本身来看，数据挖掘通常包含数据收集、数据集成、数据规约、数据清洗、数据变换、数据挖掘、模式评估和知识表示等八个阶段。

7.4.2.1 信息收集阶段

根据确定的数据挖掘对象抽象出在数据挖掘中所需要的特征信息，然后选择合适的信息收集方法，将收集到的信息存入数据库。

7.4.2.2 数据集成阶段

数据集成就是对各种异构数据提供统一的表示、存储和管理，逻辑地或物理地集成到一个统一的数据集合中。

7.4.2.3 数据规约阶段

用于数据分析的原始数据集属性数目可能会有几十个，其中大部分属性可能与数据分析任务不相关，或者是冗余的。数据规约可以用来得到数据集的规约表示，但仍然接近于保持原数据的完整性，并且规约后执行数据挖掘结果与规约前执行结果相同或几乎相同。

7.4.2.4 数据清洗阶段

数据清洗阶段的主要任务就是填写缺失值、光滑噪声数据、删除离群点和解决属性的不一致性。

7.4.2.5 数据变换阶段

通过平滑聚集、数据概化、规范化等方式将数据转换成适用于数据挖掘的形式。

7.4.2.6 数据挖掘阶段

根据数据信息，选择合适的挖掘工具，应用统计方法、事例推理、决策树、规则推理等算法处理数据，得出有用的结果信息。

7.4.2.7 模式评估阶段

从商业角度，由行业专家来验证数据挖掘结果的正确性。

7.4.2.8 知识表示阶段

将数据挖掘所得到的结果信息以可视化的方式呈现给用户，或作为新的知识存放在知识库中，供其他应用程序使用。

数据挖掘过程是一个反复循环的过程，每一个步骤如果没有达到预期目标，都需要回到前面的步骤，重新调整并执行。在具体的数据挖掘任务中，完成挖掘需要经过的步骤通常会因为数据源、挖掘目标等有所不同,不一定完全包含以上八个步骤。

7.4.3 传感网数据挖掘技术

微课 7-2 传感网数据挖掘技术

随着传感器技术的发展以及物联网应用的普及,传感器数据呈指数级增加。有效的分析与利用传感器数据是物联网应用的核心之一。然而传感器数据应用过程中存在诸多挑战,如数据异常、数据缺失、深度学习模型复杂性高,以及诸如交通传感数据存在复杂的时空相关性等。传感器网络的感知数据流巨大,传感器网络中的每个传感器通常都产生较大的流式数据,并具有实时性。每个传感器仅仅具有有限的能量和计算资源,难以处理巨大的实时数据流。

传统数据挖掘具有集中式的、大计算量和着重于事务数据处理的特点,因此通常需要对传统的数据挖掘算法进行修改,才能对传感网络产生的数据进行分析。

7.4.3.1 传感网中的分类算法

数据分类是从数据集合中发现同类数据对象的共性,对它们进行描述和刻画,并将未知类别的数据对象归类到已知类别的过程。数据分类过程中,将一部分样本作为训练集,训练集中的每条记录有一个类属性值,数据对象的类属性值是已知的。分类算法通过分析训练集中每个类别对应的属性特征,为每一类构造一个模型,产生决策树或者类规则集合。利用它们可以更好地理解每个类,并可以应用到未知数据的分类判别中。在决策树、贝叶斯、支持向量机等经典的分类算法中,决策树具有速度快、决策规则容易理解等特点,本节重点介绍决策树。

决策树分类方法的关键就是如何选择划分点,传感器网络中的数据流大部分都是数值属性,如果每个不同值都成为候选的划分点,就会导致非常高的通信和存储负载。可采用数值间隔剪枝策略,将数值属性按取值范围划分成若干间隔,将不太可能含有划分点的间隔剪枝,减少了处理数值属性的时间。传感器网络中的感知数据流数据量大,并具有实时性,而且传感器节点的存储能力非常的有限。传感器节点不可能将数据都存储起来并从内存中读取。经典的雨林算法框架可以减少计算时间和通信开销。

7.4.3.2 传感网中的关联规则算法

关联规则挖掘是数据挖掘的重要研究领域。关联规则挖掘算法的核心是频繁项集的求解。在频繁项集的求解过程中,需要计算指定的候选项集中的所有数据项同时出现在同一个记录中的记录个数,称为计数计算。

目前已经成熟的很多关联规则挖掘算法,如 Apriori 和 FP-Growth,大都需要多遍扫描数据库,I/O 时间复杂性很高。在数据流环境中,只允许对数据进行一遍扫描。并且在传感器网络中,数据是以分布式的数据流的方式存在的。基于传感器网络特性,需要在分布式的数据流上挖掘频繁项集。

可以采用树型的层次通信结构,每个传感器先采用 ε-近似算法生成局部频繁项集,然后将局部的频繁项集逐层上传,进行合并。不断重复这个过程,直到根节点收到所有孩子节点上的局部频繁项集。最后,由根节点将局部的频繁项集合并成全局的频繁项集,并产生满足最小支持度和最小置信度阈值的关联规则。进而根据训练得到的关联规则去发现传感网络中数据间的关联度,挖掘高度相关的数据字段。该算法是在传感器网络中进行分布式关联规则挖掘的一种有效方式。

7.4.3.3　传感网中的聚类算法

聚类是将对象集合中的对象分类到不同的类或者簇这样的一个过程,使得同一个簇中的对象有很大的相似性,而不同簇间的对象有很大的相异性。现在的大部分算法都是基于单一的环境的。然而,有很多应用都处于数据源分布在网络中的环境下,而且在聚类前将这些数据采集到一个中心位置并不是一个合适的选择。如传感器网络中有限的通信带宽以及为感知节点正常运行提供能量的电池能源很有限。传感器网络是以 Ad-Hoc 的方式来进行通信的,只允许在相邻的感知节点之间通信。将这些分散的数据集中起来进行聚类非常困难,而且可扩展性也不好。

传感器网络中的聚类面临的挑战包括:有限的通信带宽、计算资源的限制、有限的能源供给、错误容忍、网络的同步。基于质心的 K-平均算法以 k 为参数,把 n 个对象分为 k 个簇,以使簇内具有较高的相似度,而簇间的相似度较低。相似度的计算根据一个簇中对象的平均值(被看作簇的重心)来计算。

传感器网络中的节点是以 Ad-Hoc 的方式连接的,每个节点只能与它通信范围之内的邻居节点通信。而且传感器发送数据要比它自身计算耗费更多的能量,所以要尽可能少地传输数据,并充分利用传感器本身的计算资源,协作地完成整个挖掘任务。因此,有必要基于传统的 K-平均聚类算法来产生基于传感器网络的分布式 K-平均聚类算法。设网络中有 n 个传感器用来监测数据,每个传感器从产生数据流 S_i。有一个 Sink 节点,负责向传感器网络中的各个节点发送消息,以及接收从传感器网络中发来的信息。Sink 节点能力较强,可以通过有线或无线的方式与外界的用户联系。

基于传感器网络的分布式 K-平均聚类算法能够高效而准确地对传感器网络中的数据进行聚类分析。首先由网络中的中心节点 Sink 节点从传感器网络的数据中随机地抽取 k 个记录作为要划分的簇的初始质心,将 k 个质心信息下发到各个传感器上。每个传感器根据这 k 个质心将本地的数据划分成 k 个簇,并将每个簇的信息传送到其父亲节点。父亲节点在收到所有孩子节点的信息之后,将收到的簇的信息与本地信息合并,继续向上层节点传送,直到 Sink 节点收到所有孩子节点的信息。然后 Sink 节点将所有孩子节点上传来的 k 个簇的信息合并,重新计算每个簇的平均值,判断是否满足停止条件(如质心不再发生变化),如果不满足,则将 k 个质心下发到各个传感器节点,进行下一步迭代。重复上述过程,直到误差准则收敛,最后输出全局的 k 个簇的质心。

7.5　传感网数据可视化技术

数据可视化旨在借助于图形化手段,清晰有效地传达与沟通信息。为了有效地传达思想概念,美学形式与功能需要齐头并进,通过直观地传达关键的方面与特征,从而实现对于相当稀疏而又复杂的数据集的深入洞察。随着大数据产业的蓬勃发展,数据规模不断扩大,数据可视化能为用户决策提供帮助。传感网数据的可视化与金融、医疗、交通等数据都具有类似的数据结构,因此,我们可以使用当下流行的可视化技术对传感网数据进行分析和展示。

7.5.1　数据可视化基础

微课 7-3　数据可视化

7.5.1.1　数据可视化的概念

数据可视化是研究图形展现数据中隐含关系的信息并发掘其中规律的学科。数据可视化涉及计算机视觉、图像处理、计算机辅助设计、计算机图形学等多个领域,成为一项研究数据表示、数据处理、决策分析等问题的综合技术。

数据可视化通过图表直观地展示数据间的量级关系,其目的是将抽象信息转换为具体的图形,将隐藏于数据中的规律直观地展现出来。图表是数据分析可视化最重要的工具,通过点的位置、曲线的走势、图形的面积等形式,直观地呈现研究对象间的数量关系。不同类型的图表展示数据的侧重点不同,选择合适的图表可以更好地进行数据可视化。

7.5.1.2　数据可视化的流程

数据可视化尽管涉及的数据量大,业务复杂,分析烦琐,但是总遵循着一定的流程进行。

(1)需求分析。需求分析的主要内容是基于对场景的理解,明确目标,整理分析框架和分析思路,确定数据分析的目的和方法。

(2)数据获取。数据获取是根据分析的目的,收集、整合、提取相关的数据,是数据分析工作的基础。

(3)数据处理。数据处理是指通过工具对数据中的噪声数据进行处理,并将数据转换为适用分析的形式。数据处理主要包括数据清洗、数据合并等处理方法。

(4)数据分析与可视化。数据分析通过分析手段、方法和技巧对准备好的数据进行探索、分析,从中发现因果关系、内部联系和业务规律。可视化是指对具体数据指标的计算和分析,发现数据中潜在的规律,并借助图表等可视化的方式直观地展示数据之间的关联信息,使得抽象的数据变得更加清晰、具体,易于观察,便于决策。

(5)分析报告。分析报告是指以特定的形式将数据分析的过程、结果、方案完整呈现出来,图文并茂,层次明晰,直观地看清楚问题和结论,便于需求者了解情况。分析报告包括了背景与目的、分析思路、分析结果、总结和建议。

7.5.2　常用的数据可视化图形

7.5.2.1　散点图

散点图将数据显示为一组点,用两组数据构成多个坐标点,通过观察坐标点的分布,判断两变量之间是否存在某种关联或总结坐标点的分布模式。

7.5.2.2　折线图

折线图用于显示随时间或有序类别而变化的趋势。在折线图中,通常沿横轴标记类别,沿纵轴标记数值。

7.5.2.3　条形图

条形图是以宽度相等的条形长度的差异显示统计指标数值大小的一种图形,它通常显示多数项目之间的比较情况。在条形图中，通常沿纵轴标记类别，沿横轴标记数值。柱形图是以宽度相等的柱形高度的差异显示统计指标数值大小的一种图形，它用于显示一段时间内的数据变化或显示各项之间的比较情况。与条形图不同的是，在柱形图中，通常沿横轴组织类别，沿纵轴组织数值，可认为是条形图的坐标轴的转置。将柱形图堆叠，可用于显示单个项目与整体之间的关系。

7.5.2.4　饼图

饼图以一个完整的圆表示数据对象的全体，其中扇形面积表示各个组成部分。饼图常用于描述百分比构成，其中每一个扇形代表一类数据所占的比例。

7.5.2.5　箱线图

箱线图是利用数据的统计量描述数据的一种图形，一般包括上界、上四分位数、中位数、下四分位数、下界和异常值这 6 个统计量，提供有关数据位置和分散情况的关键信息。

7.5.2.6　仪表盘

仪表盘也称为拨号图表或速度表图，其显示类似于拨号/速度计上的读数的数据，是一种拟物化的展示形式。仪表盘的颜色可以用于划分指示值的类别，使用刻度标示数据，指针指示维度，指针角度表示数值。仪表盘只需分配最小值和最大值，并定义一个颜色范围，指针（指数）将显示出关键指标的数据或当前进度。仪表盘可用于显示速度、体积、温度、进度、完成率、满意度等。

7.5.2.7　漏斗图

漏斗图也称倒三角图，漏斗图将数据呈现为几个阶段，每个阶段的数据都是整体的一部分，从一个阶段到另一个阶段数据自上而下逐渐下降。漏斗图适用于业务流程比较规范、周期长、环节多的流程分析，通过漏斗图对各环节业务数据进行比较，能够直观地发现和说明问题。

7.5.2.8　雷达图

雷达图也称戴布拉图、蜘蛛网图。雷达图将多个维度的数据映射到坐标轴上，这些坐标轴起始于同一个圆心点，通常结束于圆周边缘，将同一组的点使用线连接起来即成为雷达图。在坐标轴设置恰当的情况下，雷达图所围面积能表现出一些信息量。雷达图将纵向和横向的分析比较方法结合起来，可以展示出数据集中各个变量的权重高低情况，非常适用于展示性能数据。

7.5.2.9　热力图

热力图通过颜色的深浅表示数据的分布，颜色越浅数据越大，可以一眼就分辨出数据的分布情况，非常方便。

7.5.2.10　词云图

词云图可对文字中出现频率较高的“关键词”予以视觉上的突出，形成“关键词云层”或“关键词渲染”。词云图过滤掉大量的文本信息，使浏览网页者只要一眼扫过文本即可领略文本的主旨。词云图提供了某种程度的“第一印象”，最常使用的词会一目了然。

7.5.2.11　关系图

关系图又称关联图，可用于分析事物之间“原因与结果”“目的与手段”等复杂关系，它能够帮助人们从事物之间的逻辑关系中，寻找出解决问题的办法。

7.5.3 常见的可视化工具

7.5.3.1 Excel

Excel 是办公室自动化中非常重要的一款软件,大量的国际企业都依靠 Excel 进行数据管理。它不仅能够方便地处理表格和进行图形分析,而且拥有强大的功能,如对数据进行自动处理和计算。Excel 是微软公司的办公软件 Microsoft Office 的组件之一,是由 Microsoft 为 Windows 和 Apple Macintosh 操作系统的电脑编写和运行的一款试算表软件。

Excel 的学习成本低,且容易上手。在 Excel 的图表库中,用户可绘制基本的可视化图形。

7.5.3.2 Tableau

Tableau 是桌面系统中最简单的商业智能工具之一,它不强迫用户编写自定义代码,新的控制台可由用户自定义配置。Tableau 的灵活易用让业务人员能够一同参与报表开发与数据分析进程,通过自助式可视化分析深入挖掘商业洞察与见解。

Tableau Desktop 是基于斯坦福大学突破性技术的软件应用程序。它可以生动地分析实际存在的任何结构化数据,并在几分钟内生成美观的图表、坐标图、仪表盘与报告。利用 Tableau 简便的拖曳操作,用户可以自定义视图、布局、形状、颜色等,帮助用户展现自己的数据视角。

7.5.3.3 Power BI

Power BI 是一个商业分析工具,用于在组织中提供见解。可连接数百个数据源、简化数据准备并提供即席分析。生成美观的报表并进行发布,供组织在 Web 和移动设备上使用。每个人都可创建个性化仪表板,获取针对其业务的全方位独特见解。在企业内实现扩展,内置管理和安全性。

Power BI 整合了 Power Query、Power Privot、Power View、Power Map 等一系列工具,使得用过 Excel 做报表和 BI 分析的从业人员可以快速上手 Power BI,甚至可以直接使用以前的模型。此外,Excel 2016 也提供了 Power BI 插件。

7.5.3.4 JavaScript

JavaScript 是一种脚本语言,已经被广泛用于 Web 应用开发,常用于为网页添加各式各样的动态功能,为用户提供更流畅美观的浏览效果。通常 JavaScript 脚本是通过嵌入在 HTML 中实现自身的功能的。随着 JavaScript 在数据可视化领域的不断普及,市场上也出现多款能够为 Web 创建图表的开源库,如 HighCharts、D3、ECharts 等。

HighCharts 是一个界面美观、时下非常流行的纯 Javascript 图表库。Data-Driven Documents(D3)译为一个被数据驱动的文档,利用现有的 Web 标准,通过数据驱动的方式实现数据可视化。ECharts 是一个纯 Javascript 的企业级数据图表库,一款免费开源的数据可视化产品,可以流畅地运行在 PC 和移动设备上,兼容当前绝大部分浏览器,提供直观、生动、可交互、可高度个性化定制的数据可视化图表。

7.5.3.5 Python

Python 是一种跨平台的计算机程序设计语言,也是一种解释性、编译性、互动性和面向对象的脚本语言。Python 作为一门应用十分广泛的计算机编程语言,在数据科学领域具有独特的优势。不仅语法简单精练、易学,还拥有 NumPy、pandas、Matplotlib、seaborn 等功能齐全、高效易用、接口统一的科学计算库和可视化库。用户使用其可视化库,不仅可以绘制传统的 2D 图形,而且可以绘制 3D 立体图形。其常用的可视化工具库有 pandas、Mathplotlib、seaborn、pyecharts 等。

7.5.4 Python 可视化工具库

在以上几种可视化工具中,Python 简单容易、免费开源、组件丰富,且可以跨平台使用。重点介绍它的几个可视化工具库。

7.5.4.1 pandas

pandas 是 Python 的数据分析核心库,最初被作为金融数据分析工具而开发出来,因此 pandas 为时间序列分析提供了很好的支持。pandas 提供了一系列能够快速便捷地处理结构化数据的数据结构和函数。

pandas 兼具 NumPy 高性能的数组计算功能、电子表格和关系型数据库(如 SQL)灵活的数据处理功能,还提供了复杂精细的索引功能,以便于便捷地完成重塑、切片、切块和聚合,以及选取数据子集等操作。pandas 库中有两种数据结构,分别为 Series 和 DataFrame。

7.5.4.2 Matplotlib

Matplotlib 是最流行的用于绘制数据图表的 Python 库,是 Python 的 2D 绘图库。最初由 John D Hunter(JDH)创建,目前由一个庞大的开发人员团队维护。Matplotlib 操作简单容易,用户只需几行代码即可生成直方图、散点图、条形图、饼图等图形。

Matplotlib 提供了 pylab 的模块,其中包括了许多 NumPy 库和 pyplot 函数中常用的函数,方便用户快速进行计算和绘图。Matplotlib 跟 IPython 相结合,提供了一种交互式数据绘图环境,可实现交互式的绘图,实现利用绘图窗口中的工具栏放大图表中的某个区域或对整个图表进行平移浏览。Matplotlib 是众多 Python 可视化库的鼻祖,也是 Python 最常用的标准可视化库,其功能非常强大。

7.5.4.3 seaborn

seaborn 是基于 Matplotlib 的图形可视化 python 库,它提供了一种高度交互式界面,便于用户能够做出各种有吸引力的统计图表。

seaborn 是在 Matplotlib 的基础上进行了更高级的 API 封装,从而使得作图更加容易。它不需要了解大量的底层代码,即可使图形变得精致。在大多数情况下,使用 seaborn 能做出很具有吸引力的图,而使用 Matplotlib 能制作具有更多特色的图。因此,可将 seaborn 视为 Matplotlib 的补充,而不是替代物。同时,seaborn 能高度兼容 NumPy 与 pandas 数据结构以及 scipy 与 statsmodels 等统计模式,可以在很大程度上帮助用户实现数据可视化。

7.5.4.4 pyecharts

Echarts 是一个由百度开源的数据可视化工具,凭借着良好的交互性,精巧的图表设计,得到了众多开发者的认可。而 Python 是一门富有表达力的语言,很适合用于数据处理。当数据分析遇上数据可视化时,当 Python 遇到 Echarts 时,即产生了 pyecharts。

pyecharts 可以展示动态交互图,对于展示数据更方便,当鼠标悬停在图上时,即可显示数值、标签等。pyecharts 支持主流 Notebook 环境,如 Jupyter Notebook、JupyterLab 等;可轻松集成至 Flask、Django 等主流 Web 框架;高度灵活的配置项,可轻松搭配出精美的图表;囊括了 30 多种常见图表,如 Bar(柱形图/条形图)、Boxplot(箱形图)、Funnel(漏斗图)、Gauge(仪表盘)、Graph(关系图)、HeatMap(热力图)、Radar(雷达图)、Sankey(桑基图)、Scatter(散点图)、WordCloud(词云图)等。

需要再次注意的是,不管使用可视化工具分析何种类型的数据,都要在数据可视化的几个流程中,结合数据源的特点、可视化目标等多方面综合优化,特别是具有时序性、多样性等特点的传感网数据。

小　结

本项目主要介绍了传感网的数据处理技术,包括数据采集技术、数据处理与分析技术、数据存储技术、数据挖掘技术和数据可视化技术。其数据处理技术以成熟的数据处理技术为基础,特别是数据挖掘技术,传统的聚类、分类、关联规则等算法无法满足传感网的流式数据,需要结合数据特征对这些算法进行改进,目前使用普遍的是分布式数据挖掘算法。传感网数据的可视化技术与其他领域数据技术相同,可使用 Tableau、JavaScript、Python 等来实现,其中 Python 的优点更加突出,是更加受欢迎的可视化工具。

练　习

1. 什么是数据挖掘?

2. 什么是数据可视化?

3. 数据挖掘一般需要经过哪些步骤?

4. 常用的数据可视化图形包括哪些?它们各适用于什么场景?

5. 常见的 Python 可视化工具库有哪些?

6. 请查阅资料并收集开源的传感器数据集,动手练习 Tableau 可视化工具的使用,借助 Tableau 撰写一篇传感器数据可视化报告。

7. 请查阅资料,梳理传感网数据挖掘技术的发展趋势,并谈谈你的体会。

参考文献

[1] 曾华鹏,王莉,曹宝文. 传感器应用技术[M]. 北京:清华大学出版社,2018.
[2] 丁健. 传感器网络中的数据挖掘[D]. 哈尔滨:黑龙江大学,2005.
[3] 刘礼培,张良均. Python 数据可视化实战[M]. 北京:人民邮电出版社,2022.
[4] 李士宁. 传感网原理与技术[M]. 北京:机械工业出版社,2014.
[5] 李善仓,张克旺. 无线传感器网络原理与应用[M]. 北京:机械工业出版社,2008.
[6] 张翼英,杨巨成,李晓卉. 物联网导论[M]. 北京:中国水利水电出版社,2012.
[7] 陈继欣,邓立. 传感网应用开发(中级)[M]. 北京:机械工业出版社,2019.
[8] 苏李果,楼惠群,高晓惠. 物联网组网技术应用[M]. 北京:机械工业出版社,2021.